IDA, Daisuke 井田大輔

入門/ 現代 の 力学

/ Mechanics:
A Modern
Introduction

物理学のはじめの一歩として

JN051959

講談社

ブックデザイン　桐畑恭子

は　じ　め　に

　力学は物理学の入門にあたるので，理工系の学部では，初年度に学習することになります．高校物理の延長にありますし，概念的に難しいことはありません．ただし高校物理と違って，積極的に数学の技法を使っていくことになります．

　力学は，ベクトル解析や，空間上の微積分など，新しい数学的道具をおぼえて，使い方に慣れるのによい機会となります．高校生は，斜方投射で力学的エネルギーが保存することを知っていますが，力学的エネルギーの保存則はより一般の状況で成立します．それが，少数の基本的な仮定から導かれるという仕組みは，新しく学ぶ数学の手法を通して理解できるものです．

　力学は，身近な現象を理解する上でもっとも役に立ちます．例えば，ひもがたるんで掛かっているとき，これがどんな曲線になるのかは，力学の問題です．このとき，実際の現象をどこまで理想化して，簡単な問題設定にするのか，というのは，様々なレベルがあって，どれかひとつが正解ということはありません．実際の現象をよく再現するような問題設定ができればよいのですが，一般には難しいです．あまり一般の問題設定だと解けないかもしれませんし，ある程度，どういう問題設定ならどのような答えになりそうだ，という感覚が必要で，そうした漠然としていて，掴みどころのないようなものを獲得するためには，様々な問題に接しておくのがよいです．

　本書は，ニュートン力学の概説からはじまり，物理を学習する上での考え方や作法を身につけます．それから，必要な数学の手法を一通りおさらいします．それが終わると，力学の問題を解くという形式をとりながら，ひとつひとつ新しいことをおぼえていけるように，話を進めていきます．一問一話形式の読み物だと思って学習していっていただければ，と思います．

井田大輔

CONTENTS
目　　　次

● 第5章 ● 力学の基礎

53

● 第6章 ● 振動

65

● 第7章 ● 重力

76

CONTENTS
目　　　　次

● 第8章 ● 質点系と剛体

94

● 第9章 ● 回転座標系

114

CONTENTS

目　　　　次

● 第 1 章 ●

力学とは何か

1.1　力学の学び方

　力学といえば，物体の運動や物体に働く力についての理論体系で，ニュートンの3法則に基づくものだということはみなさん知っていることだと思います．高校物理でも最初に習いますが，大学でも理工系の学部なら必ず最初に履修することになります．それは，高校物理の延長で一番とっつきやすい科目だからというのもありますが，解析力学，電磁気学，量子力学，統計力学など，他の科目を習得するのに必要な，基礎的な概念やテクニックを学ぶという意味合いもあります．

　高校物理での力学では，斜方投射，単振動，等速円運動，波動など色々な運動を扱いましたが，結局公式をおぼえて使うことに終始しました．簡単な微分方程式は高校数学でも習いますが，微分方程式を物理の問題で積極的に解くということはしませんでした．それでも，自然界でおきる現象を，数式であらわすことができるということ自体に感動があります．あなたもそう感じたことはあるんじゃないでしょうか．

　デカルト，ガリレオ，ホイヘンスらによって積み上げられてきた力学法則を発展させ，ニュートンは数学の言葉を使って必要最小限な3法則としてまとめました．その後，ラグランジュやオイラーたちによって，現在われわれが知っているような理論形式へと整備されました．その体系をニュートン力学といっています．ニュートンが独力で今ある形のニュートン力学を完成させた，と思っている人がほとんどだと思いますが，そういうことではありません．

　ニュートン力学では，運動方程式によって質点の運動が決まっています．質点にかかる力がわかれば，どのような運動を行うのかが予言できるようになっています．すべての物体は質点からなると考えられるので，宇宙でおこること

が，原理的には全て予言できるのではないかと思わせるものです．ニュートン力学が確立したのは17世紀の英国ですが，実際に19世紀まではそのような世界観だったと思います．20世紀になって，特殊相対論が発見されると，ニュートン力学は少し修正を受けることになります．もっと根本的な概念的変革は量子力学の発見によってもたらされることになります．結局，ニュートン力学には適用限界があることになります．それでも，機械を動かすだとか建造物を設計するだとか，身近なことがらはニュートン力学に支配されています．

　大学で習う力学は，やはりニュートンの3法則に基づきますが，積極的に微分方程式を用いることによって，高校物理で習ったことよりもより多くの問題を扱うことになります．今まで多くの公式をおぼえなければならなかったのですが，公式をおぼえるという考え方はやめて，それらは全て導けるものだということを理解できるようになります．ただし，どの教科書でも扱う問題は決まり切ったものになります．なぜそうなっているかというと，手で解ける問題しかやらないからです．世の中には，手で解けるものとそうでないものがあって，そうでないことの方が当たり前です．手で解けないものに対しては，例えば，コンピューターを使って数値的に解く方法があります．一方で，手で解けるものというのは，すでに解き方が発見されているので，誰が解いてもやり方はそう変わりません．手で解けるものについては，できるだけマスターしておきましょう．

　ニュートン力学の，内面にある仕組みは，解析力学を習うとよくわかります．解析力学は，物理学のほぼすべての分野の基礎となるので，最初のうちに習得しておけばよいですが，その前に力学の色んな問題を知っておくと理解が深まります．

　力学といっても，質点の力学にはじまり，剛体や波動，連続体の力学など，ニュートン力学に基づく分野は多岐にわたります．力学と平行して，多変数関数の微分積分，ベクトル解析などの数学的な道具をマスターすると，色々な問題が扱えるようになります．高校物理では，教科書に載っている公式だけで解けるような問題しかやりませんでした．それでも大学入試の問題は色んな工夫によって様々な楽しい問題が出題されています．大学の物理では，そういった縛りがゆるいので，より多くの問題が扱えます．そういった問題にパズルを解く感覚で挑戦してみるのは，ひとつの楽しみ方です．力学は，本格的に物理学

に数学を応用する第一歩ですし，新しい数学のテクニックを身につけるのによい練習にもなります．

　新しくおぼえる数学のひとつに，ベクトル解析があります．ベクトルの間の代数操作と，微分操作を系統的に扱う体系です．電磁気学をはじめとして，だいたいどこでも必要になってきます．3次元空間のベクトル場の代数計算，微分，積分の公式を使いこなす必要があるのですが，たくさん公式があるので，暗記が大変だと思うかもしれません．実はそうではなくて，数種類の基本操作があるだけで，それらに慣れておけば，ほとんどの公式はすぐに再現できるようになっています．

　今まで，物理でも公式をおぼえることが重要だと教えられ，そういうものだと思っていたかもしれませんが，そろそろもう少し自由にやってみましょう．公式はたくさんあることにはありますが，おぼえることはありません．それより，それらを再現する練習をするとよいです．そういう習慣をつけていると，多分だんだんと楽しくなっていくでしょう．

1.2　物理量の次元

　力学に限らず，これから学部で物理学をはじめるために，物理量について注意しておきます．

　世の中にはたくさんの物理定数があります．これらを全て記憶する必要はありませんが，大切なものはおぼえておきましょう．

　物理量には，3つの基本的な次元があります．それは，

- L：長さ
- M：質量
- T：時間

です．一般の物理量は，これらとその逆数のいくつかの積からなる次元をもっています．例えば，エネルギー E は ML^2T^{-2} という次元をもちます．このことを，

$$[E] = \frac{\mathrm{M} \mathrm{L}^2}{\mathrm{T}^2} \tag{1.1}$$

などと書くことがあります.

　高校物理では,具体的な長さを $l = 10\ [\mathrm{m}]$ のようにあらわしていたかと思います. あるいは速さを $v = 20\ [\mathrm{m/s}]$ などと書いていたと思います. 長さや速さの単位を角括弧でわざわざ囲む必要はなくて,これからは $l = 10\ \mathrm{m}$, $v = 20\ \mathrm{m/s}$ と書くようにしましょう. l とか v とかいう物理量は,ただの数ではなくて,物理量の次元つきの数だからです.

　基本的な定数が3つあります. 有効数字3けたで,

- ニュートンの重力定数:$G = 6.67 \times 10^{-11}\ \dfrac{\mathrm{m}^3}{\mathrm{kg} \cdot \mathrm{s}}$
- 光速度:$c = 3.00 \times 10^8\ \dfrac{\mathrm{m}}{\mathrm{s}}$
- プランク定数を 2π で割ったもの:$\hbar = 1.05 \times 10^{-34}\ \mathrm{J} \cdot \mathrm{s}$

です. これらは是非おぼえておきましょう.

　まず,ニュートンの重力定数 G,万有引力定数ともいいますが,G の次元は次のようなことを考えるといいでしょう. 質量 M,半径 R の星があったとします. 星は中心近くの圧力が高く,星の表面に向かって圧力が小さくなっているために,重力に抗して平衡を保つことができます. そこでもし,星全体で圧力があるとき突然ゼロになったらどうなるでしょう. それは,星全体が重力でつぶれてしまうだろうと考えられます. つまり,星を構成している各質点が,自由落下して中心の1点に向かって落ちていくことになるでしょう. 星の質量分布が一様だとして,星がつぶれる時間 t を計算してみると

$$t = \frac{C}{\sqrt{G\rho}} \tag{1.2}$$

となります. ただし,

$$\rho = \frac{M}{4\pi R^3 / 3} \tag{1.3}$$

は質量密度,C はオーダー1の数,つまり1けた程度の数です. 求めようと思えば,

$$C = \sqrt{\frac{3\pi}{32}} \approx 0.54 \tag{1.4}$$

という値になります．ただ，この値は今の話であまり重要ではなくて，その星がどんな大きさなのかによらず，質量密度のみで決まっているということに注目しましょう．星に限らず，物体が重力だけでつぶれる時間をあらわす

$$t \sim \frac{1}{\sqrt{G\rho}} \tag{1.5}$$

を自由落下時間といいます．ここの，「〜」は1けた程度の数因子をのぞいて等しいくらいの意味で，自分のノートでちょっとした計算をするときに使えばよいです．これから，

$$G \sim \frac{1}{\rho t^2} \tag{1.6}$$

を思い浮かべると，ニュートンの重力定数につける単位を思い出すことができます．

　光速度cの次元は簡単ですし，十分知られているので説明する必要もありません．cは，時間と長さの間の換算に使えます．例えば，太陽と地球の間の距離dは，

$$d \approx 1.5 \times 10^{11} \text{ m} \tag{1.7}$$

ですが，そういわれてもよくわからないと思います．これを，

$$d \approx 500 \text{ s} \times c \tag{1.8}$$

と書くと，光で500秒なのか，と少し違った見方ができます．星までの距離を，何光年などであらわすのと同じことです．

　最後にプランク定数について．プランク定数は量子力学にあらわれる基本定数なので，力学ではあまり関係ありませんが，すでに高校物理でも習ってみんな知っているものですし，物理量の次元という観点からここで説明しておきます．プランク定数hのかわりに，それを2πで割った$\hbar$の方をここでは使います．$\hbar$の次元は，

$$[\hbar] = (\text{エネルギー}) \times (\text{時間}) \tag{1.9}$$

$$= (長さ) \times (運動量) \tag{1.10}$$

$$= (角運動量) \tag{1.11}$$

となっていて，「作用」の次元だといいます．作用については解析力学で習うことになるので，今は気にしなくてよいです．$\hbar$の単位に含まれているJはエネルギーの単位，ジュールで

$$J = \frac{kg \cdot m^2}{s^2} \tag{1.12}$$

です．有効数字2けたで，

$$\hbar c \approx 200 \text{ MeV} \cdot \text{fm} \tag{1.13}$$

だということも一緒におぼえましょう．ここで，eVはエレクトロン・ボルトと読み，

$$eV \approx 1.6 \times 10^{-19} \text{ J} \tag{1.14}$$

であたえられるエネルギーの単位です．1ボルトの電位差で電子を加速したときにえられる電子の運動エネルギーのことです．それから，eVの前についているMは，メガと読み，

$$M = 10^6 \tag{1.15}$$

のことです．また，fmのfはフェムトと読み，

$$f = 10^{-15} \tag{1.16}$$

です．つまり，$\hbar c$は「200メガ・エレクトロン・ボルト・フェムト・メートル」だとおぼえておきます．

　MKSA単位系というのがあるので，電気量も基本的な次元だ，と思ったかもしれません．確かにそうです．しかし，電荷というのは電子の電荷の整数倍のものしかないので，わざわざクーロンという単位を使わなくても，電子何個分の電荷だと数えることにすればよいと考えることもできます．クーロンやアンペアといった電磁気学の単位系は，工学的には便利ですが，物理量の単位が不必要に複雑になりがちです．ここでは，そういった物理量を理解する考え方に

ついて議論しましょう．まず，電荷がそれぞれ $\pm e$ の陽子と電子の間に働く力は，陽子–電子間の距離を d として，クーロンの法則

$$F = k\frac{e^2}{d^2} \tag{1.17}$$

であたえられます．比例定数 k は，学部の電磁気学では

$$k = \frac{1}{4\pi\epsilon_0} \tag{1.18}$$

と書かれることになるでしょう．ϵ_0 は真空の誘電率といって，

$$\epsilon_0 \approx 8.85 \times 10^{-12} \ \frac{\mathrm{F}}{\mathrm{m}} \tag{1.19}$$

であたえられます．ここで，F はファラッドと読み，コンデンサーの静電容量の単位です．この値は，おぼえなくてよいものです．どうしても必要なときに，データ集を参照すればよいです．ところで，

$$\frac{e^2}{4\pi\epsilon_0} = Fd^2 \tag{1.20}$$

は，(エネルギー) × (長さ) という次元をもっていて，これは先ほどの $\hbar c$ と同じです．そこで，無次元量

$$\alpha := \frac{e^2}{4\pi\epsilon_0\hbar c} \tag{1.21}$$

をつくることができます．この値は，微細構造定数といって

$$\alpha \approx \frac{1}{137} \tag{1.22}$$

とおぼえます．心配しなくても，電気素量 e と真空の誘電率 ϵ_0 はこの組み合わせであらわれることが多いです．したがって，e の値も ϵ_0 の値も，おぼえておく必要はあまりないです．

　例えば，水素原子の半径 a_0 は，電子の質量 m_e を用いて

$$a_0 = \frac{4\pi\epsilon_0\hbar^2}{m_e e^2} \tag{1.23}$$

と書けます．これは，高校物理の教科書にも書いてありますが，これが長さをあらわすのはぱっと見でわからないと思います．そこで，

$$a_0 = \frac{4\pi\epsilon_0 \hbar c}{e^2} \times \frac{\hbar}{m_e c} = \frac{1}{\alpha} \times \frac{\hbar}{m_e c} \tag{1.24}$$

と書き直してみましょう. $\hbar/(m_e c)$ という組み合わせは, 電子の質量を長さであらわしたものです. $\hbar$ を電子のとりうる最大の運動量 $m_e c$ で割ったものです. すると, 水素原子の半径は, それのだいたい 137 倍だというのが見えてきます. 電子の質量は,

$$m_e \approx 9.1 \times 10^{-31} \text{ kg} \tag{1.25}$$

なのですが, これよりは

$$m_e c^2 \approx 0.5 \text{ MeV} \tag{1.26}$$

をおぼえておきます. すると,

$$\frac{\hbar}{m_e c} = \frac{\hbar c}{m_e c^2} \approx \frac{200 \text{ MeV} \cdot \text{fm}}{0.5 \text{ MeV}} \approx 400 \text{ fm} \tag{1.27}$$

と計算できます. 水素原子の半径は,

$$a_0 \approx 137 \times 400 \text{ fm} \approx 5 \times 10^{-9} \text{ m} \tag{1.28}$$

のようにわかります. いくつかの重要な量だけでもおぼえていると, データ集を見たり電卓を使わなくてもこのように計算できるようになるでしょう. そして, 身の回りの物理量がより身近に感じられるようになります.

1.3　力学の法則

　ニュートン力学の基本法則を振り返ってみましょう. 自然法則というのは, 数多く知られています. そのなかでも, より基本的なものがニュートンの法則です.

　例えば, アルキメデスの原理とよばれる浮力の法則は, 水中の物体が, 物体と同じ体積の水の重さの分だけ浮力を受けるというものですが, 水中の物体という特定の問題に対する法則で, ニュートンの力学法則から導くことのできるものです. アルキメデスというのは紀元前の, ヘレニズム時代の人で, ニュー

トン力学なんかはもちろん影も形もありませんでした．物体がどんな大きさや形でもあてはまる，このような一般法則が，古くから見つかっていました．

ガリレオの振り子の等時性は，振り子の周期が振幅によらなくて，その周期も振り子の腕の長さだけによっているというもので，振り子時計の発明のもとになっているものです．振り子の等時性が運動方程式から導けることは今ではみんな知っているのですが，ガリレオはニュートンより少し前の人なので，運動方程式という概念はありませんでした．

その他にも特定の問題に適用できる物理法則が乱立しているなかで，もっとも基本的なものがニュートンの力学法則です．ニュートンの法則が他のものとは違うのは，どんな現象にもあてはまるというところです．つまり，適用範囲の広さが違います．

ニュートンの法則は3つありますが，その第1のものは慣性の法則とよばれます．慣性の法則は，力の働いていない物体は等速直線運動を行うという内容のものです．もともとは，ガリレオが発見したものです．ガリレオの慣性の法則は，水平な床を運動している物体に対するものでしたが，デカルトによって，だいたい今の形に一般化されました．当時までは多分，物体は止まろうとする性質があると多くの人が思いこんでいたでしょうから，なかなか気がつきにくかったと思います．実際に床の上で物を転がしてもいつか止まりますし．

ニュートン力学の体系のなかでは，慣性の法則は力を受けない物体が等速直線運動によって記述されるような座標系 (t, x, y, z) の設定，つまり慣性系を定義しているという解釈があります．第1法則は慣性系の定義だと捉える方が，理論体系としては自然です．

第2法則は，物体の運動量の時間微分が物体の受ける力に等しいというもので，運動方程式として知られます．ニュートン力学の看板みたいなものです．これによると，系を構成する質点たちの位置と速度をセットにしたものが系の状態だといえることになります．なぜかというと，ある時刻での質点の位置と速度を指定すると，それ以降の任意の時刻で，質点の位置と速度が予言できるような方程式になっているからです．力学の問題は，主に運動方程式を解く問題が中心になっています．

第3法則は，作用・反作用の法則というもので，物体が別の物体から力を受けると，その別の物体の方も，大きさが等しくて向きが反転した力を受けると

いう，相互作用の法則になっています．複数の物体の関わる系の運動方程式を
たてるとき，各物体にかかる力を考慮しますが，そのときに必要となるもの
です．

　その他に，ニュートンの万有引力の法則があります．これもおなじみのもの
です．2つの物体は互いに引力が働いていて，その大きさはそれぞれの質量の
積に比例し，物体間の距離の2乗に反比例するというものです．ニュートンの
重力定数 G はその比例定数となっています．

　万有引力の法則は，天体の運動を支配している，壮大な物理法則です．当
時，惑星の運動をうまく説明する，ケプラーの3法則は知られていました．ケ
プラーの第1法則は，太陽のまわりを運動する惑星は，太陽を1つの焦点とす
る楕円軌道を描くこと，第2法則は，太陽と惑星を結ぶ線分が単位時間あたり
掃く面積が一定だということ，第3法則は，各惑星の公転周期は楕円軌道の長
半径の1.5乗に比例するということ，をいっています．これらは，観測データ
だけから導き出されたものです．理由はよくわからないけれど惑星はこれらの
法則にしたがって運動しているということだけがわかっていました．

　万有引力の法則を既知のものとして，ケプラーの法則を導き出すことは，微
分積分の知識があればなんとかできます．しかし，ニュートンはそれとは逆の
問題を解いています．ケプラーの3法則をすべて同時に説明する，ただ1つの，
より簡明な法則が存在することに気がついたわけですので．1つの数式であら
わされる自然法則が，宇宙のいたるところで成り立っているというのは驚異的
です．

● 第 2 章 ●

運動

2.1　デカルト座標

　運動を記述する空間は3次元ユークリッド空間です. これを $\mathbb{R}^3$ と書くこと
にしましょう. $\mathbb{R}^3$ の1点を指定するのにどうするかというと, まずどこでもい
いので原点 O をとります. 次に O を通る向きのついた直線をとり, x 軸と名付
けます. それから x 軸と原点 O で直交する向きのついた直線をもう1本とり,
y 軸と名付けます. 最後に x 軸とも y 軸とも原点 O で直交する向きのついた直
線をとり, z 軸と名付けます (図2.1). こうして, 座標系ができました. これ
をデカルト座標系といいます. デカルト座標系があると, $\mathbb{R}^3$ の1点を例えば,
O からスタートして x 軸方向に a, y 軸方向に b, z 軸方向に c だけ進んだ点, の
ように指定することができます. そして, その点を $(x, y, z) = (a, b, c)$ のよう
にあらわします. ユークリッド空間としての $\mathbb{R}^3$ と, 線形代数であらわれる単
なる数ベクトル空間としての $\mathbb{R}^3$ とは違うということにも注意しておきましょ
う. ユークリッド空間には, 「直交」や「距離」という概念が備わっています.

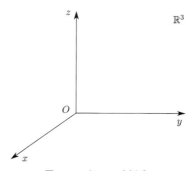

図 2.1　デカルト座標系.

デカルト座標系の構成を振り返ってみると，すでにそれらの概念を使っています．一方で，ベクトル空間自体にはそのような構造は，はじめからは入っていません．

デカルト座標のもうひとつの見方があります．$\mathbb{R}^3$ の点を決めるとその点の x の値として1つの実数が決まります．このように，$\mathbb{R}^3$ の各点ごとに実数値を対応させる規則のことを，$\mathbb{R}^3$ 上の関数といいます．x は $\mathbb{R}^3$ 上の関数です．同様に y も z も関数です．デカルト座標というのは3つの関数 x, y, z の組だともいえます．

デカルト座標系を用いると，$\mathbb{R}^3$ 上の一般の関数 f が，x, y, z の関数として $f(x, y, z)$ のようにあらわせます．点 P における x, y, z の値をそれぞれ $x(P)$, $y(P), z(P)$ とすると，P における f の値は $f(x(P), y(P), z(P))$ であたえられます．

2.2　運動のあらわし方

$\mathbb{R}^3$ 内を運動する質点を考えましょう．質点というのは，質量をもつ大きさをもたない点状の粒子のことで，変形や回転などの内部の運動は行う余地のないものです．

質点の運動というのは，$(x(t), y(t), z(t))$ という形のものです．x, y, z が t の関数としてあたえられれば，運動をあらわします．こういうものを，$\mathbb{R}^3$ のパラメーター付き曲線といいます（図 2.2）．パラメーター t は時刻で，時刻 t に質点が $\mathbb{R}^3$ のどこにいるのかをあらわしています．

例えば，等速直線運動は，

$$x(t) = v_x t + x_0, \tag{2.1}$$

$$y(t) = v_x t + y_0, \tag{2.2}$$

$$z(t) = v_x t + z_0 \tag{2.3}$$

とあらわされますし，xy-平面内の半径 R，角速度 ω の円運動は

$$x(t) = R\cos\left[\omega(t - t_0)\right], \tag{2.4}$$

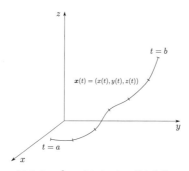

図 2.2 $\mathbb{R}^3$ のパラメーター付き曲線.

$$y(t) = R \sin\left[\omega(t - t_0)\right], \tag{2.5}$$

$$z(t) = 0 \tag{2.6}$$

です.

$\mathbb{R}^3$ の原点 O と点 (x, y, z) にいる質点を結ぶベクトルを

$$\boldsymbol{x} = (x, y, z) \tag{2.7}$$

と書いて，質点の位置ベクトルといいます．位置ベクトルが

$$\boldsymbol{x}(t) = (x(t), y(t), z(t)) \tag{2.8}$$

のように時刻 t に依存することにすれば，運動をあらわしていることになります.

2.3 速度，加速度

質点が時刻 t で $\boldsymbol{x}(t)$ にいたとしましょう．続く時間 Δt の間に，質点は

$$\Delta \boldsymbol{x} = \boldsymbol{x}(t + \Delta t) - \boldsymbol{x}(t) \tag{2.9}$$

だけ進みます．Δt が小さければ，質点は等速直線運動だとみなせます．そのときの速度は，だいたい

$$\frac{\Delta \boldsymbol{x}}{\Delta t} = \frac{\boldsymbol{x}(t + \Delta t) - \boldsymbol{x}(t)}{\Delta t} \tag{2.10}$$

くらいです．正確な速度は，Δt をゼロにもっていく極限であたえられます．つまり，速度は位置ベクトル $\boldsymbol{x}(t)$ の微分

$$\dot{\boldsymbol{x}}(t) = \lim_{\Delta t \to 0} \frac{\boldsymbol{x}(t + \Delta t) - \boldsymbol{x}(t)}{\Delta t} \tag{2.11}$$

です．このように，時刻 t で微分することを，「ドット」であらわします．質点の速度は，ベクトル量ですので，速度ベクトルというときもあります．成分はもちろん，

$$\dot{\boldsymbol{x}}(t) = (\dot{x}(t), \dot{y}(t), \dot{z}(t)) \tag{2.12}$$

となります．位置ベクトルの各成分を t で微分したものです．速度ベクトルは，運動，つまり $\mathbb{R}^3$ 内のパラメーター付き曲線 $(x(t), y(t), z(t))$ に接するベクトルです（図 2.3）．

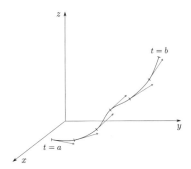

図 2.3　速度ベクトル $\dot{\boldsymbol{x}}(t)$ は，パラメーター付き曲線 $\boldsymbol{x}(t)$ の接ベクトル．

速度ベクトルをさらに t で微分すると加速度ベクトルになります．これを，

$$\ddot{\boldsymbol{x}}(t) = (\ddot{x}(t), \ddot{y}(t), \ddot{z}(t)) \tag{2.13}$$

と書きます．ただし，t の2階微分をドットを2つ並べてあらわします．

● 第3章 ●

ベクトル

　ベクトルは $(a, b, c, \dots)$ のようにいくつかの実数を並べたもので，ベクトルどうしの和と実数倍が定義されています．力学では，質点の位置，速度，加速度，運動量など，基本的な物理量をベクトルとしてあらわします．それらは，ユークリッド空間上の2点を結ぶ，方向をもつ線分，つまり矢印として解釈できます．ユークリッド空間の各点にベクトルが対応している状況も考えられます．そのようなとき，ユークリッド空間上にベクトル場があるといいます．

　3次元ユークリッド空間にすんでいるベクトルやベクトル場の基本的な操作をみていきましょう．ここでは，ベクトルの内積，外積といった代数的な操作に慣れておきます．それらには，効率的な計算法の体系がありますので，使えるようになるとよいです．

3.1　ベクトルとベクトル場

　ベクトルは基本的な幾何学量です．色々な物理量がベクトルとして表現されます．ここでは，ベクトルの基本的な取り扱い方をみてみましょう．

　$\mathbb{R}^3$ のベクトルは，3成分の量

$$\boldsymbol{a} = (a_x, a_y, a_z) \tag{3.1}$$

です．デカルト座標を

$$(x, y, z) = (x_1, x_2, x_3) \tag{3.2}$$

として，ベクトルの成分を

$$\boldsymbol{a} = (a_1, a_2, a_3) \tag{3.3}$$

と書くこともあります．これ以降も状況に応じて (3.1) のように書いたり，(3.3) のように書いたりしますが，同じ意味だと思ってください．

$\mathbb{R}^3$ の各点 $\boldsymbol{x} = (x, y, z)$ にベクトル

$$\boldsymbol{a}(\boldsymbol{x}) = (a_x(x, y, z), a_y(x, y, z), a_z(x, y, z)) \tag{3.4}$$

が対応しているとき，$\boldsymbol{a}(\boldsymbol{x})$ をベクトル場といいます．$\mathbb{R}^3$ 全体でなくて，$\mathbb{R}^3$ の領域や，曲面上でのみ定義されたベクトル場というのもあります．

3.2　内積

ベクトル $\boldsymbol{a} = (a_x, a_y, a_z),\ \boldsymbol{b} = (b_x, b_y, b_z)$ があったとき，内積が

$$\boldsymbol{a} \cdot \boldsymbol{b} = a_x b_x + a_y b_y + a_z b_z \tag{3.5}$$

と定義されます．もし $\boldsymbol{a}, \boldsymbol{b}$ がベクトル場なら，$\boldsymbol{a} \cdot \boldsymbol{b}$ は $\mathbb{R}^3$ のスカラー，つまり関数になります．

内積は

$$\boldsymbol{a} \cdot \boldsymbol{b} = \sum_{i=1}^{3} a_i b_i \tag{3.6}$$

とも書けます．この形はおぼえておきましょう．

クロネッカー・デルタを

$$\delta_{ij} = \begin{cases} 1 & (i = j) \\ 0 & (i \neq j) \end{cases} \tag{3.7}$$

と定義すると，

$$\boldsymbol{a} \cdot \boldsymbol{b} = \sum_{i, j=1}^{3} \delta_{ij} a_i b_j \tag{3.8}$$

とも書けます．

内積が導入されたので，ベクトル $\boldsymbol{a}$ の大きさを，

$$\|\boldsymbol{a}\| = \sqrt{\boldsymbol{a} \cdot \boldsymbol{a}} = \sqrt{a_x^2 + a_y^2 + a_z^2} \tag{3.9}$$

と定義することができます．$\|\boldsymbol{a}\|$ を $\boldsymbol{a}$ のノルムといいます．

3.3　外積

ベクトル $\boldsymbol{a}$, $\boldsymbol{b}$ の外積は，

$$\boldsymbol{a} \times \boldsymbol{b} = (a_y b_z - a_z b_y,\ a_z b_x - a_x b_z,\ a_x b_y - a_y b_x) \tag{3.10}$$

と定義されます．$\boldsymbol{a}$, $\boldsymbol{b}$ がベクトル場なら，$\boldsymbol{a} \times \boldsymbol{b}$ もベクトル場をあたえます．
　レヴィ・チヴィタの記号を

$$\epsilon_{ijk} = \begin{cases} 1 & ((i,j,k)\, が\,(1,2,3)\, の偶置換のとき) \\ -1 & ((i,j,k)\, が\,(1,2,3)\, の奇置換のとき) \\ 0 & (それら以外のとき) \end{cases} \tag{3.11}$$

と定義すると，外積 $\boldsymbol{a} \times \boldsymbol{b}$ の第 i 成分は，

$$(\boldsymbol{a} \times \boldsymbol{b})_i = \sum_{j,k=1}^{3} \epsilon_{ijk} a_j b_k \tag{3.12}$$

と書けます．
　レヴィ・チヴィタの記号は，3つあるうちの2つの添え字を入れ替えると符号が反転します．つまり，

$$\epsilon_{ijk} = -\epsilon_{jik} = -\epsilon_{kji} \tag{3.13}$$

が成り立ちます．また，

$$\sum_{m=1}^{3} \epsilon_{ijm} \epsilon_{klm} = \delta_{ik} \delta_{jl} - \delta_{il} \delta_{jk} \tag{3.14}$$

が成り立ちますが，これは特に有用な公式ですので，おぼえておく必要があります．

3.4　ベクトル解析

　ここで，いくつかの問題を解いてみましょう．最初は，ベクトル3重積とよばれる形についてです．

■問題■　公式

$$a \times (b \times c) = (a \cdot c)\, b - (a \cdot b)\, c \tag{3.15}$$

を示してください．

　左辺の第i成分を計算します．

$$
\begin{aligned}
[a \times (b \times c)]_i &= \sum_{j,k,l,m} \epsilon_{ijk} a_j \epsilon_{klm} b_l c_m \\
&= \sum_{j,l,m} (\delta_{il}\delta_{jm} - \delta_{im}\delta_{jl}) a_j b_l c_m \\
&= \sum_j (a_j b_i c_j - a_j b_j c_i) \\
&= [(a \cdot c)\, b - (a \cdot b)\, c]_i
\end{aligned}
\tag{3.16}
$$

より，右辺の第i成分と一致することがわかりました．　　　　　（解答終わり）

　ベクトル3重積にはヤコビ恒等式とよばれる等式が成り立ちます．

■問題■　ヤコビ恒等式

$$a \times (b \times c) + b \times (c \times a) + c \times (a \times b) = 0 \tag{3.17}$$

を示してください．

前問の結果を使います.

$$\boldsymbol{a} \times (\boldsymbol{b} \times \boldsymbol{c}) + \boldsymbol{b} \times (\boldsymbol{c} \times \boldsymbol{a}) + \boldsymbol{c} \times (\boldsymbol{a} \times \boldsymbol{b})$$

$$= (\boldsymbol{a} \cdot \boldsymbol{c}) \, \boldsymbol{b} - (\boldsymbol{a} \cdot \boldsymbol{b}) \, \boldsymbol{c}$$

$$+ (\boldsymbol{b} \cdot \boldsymbol{a}) \, \boldsymbol{c} - (\boldsymbol{b} \cdot \boldsymbol{c}) \, \boldsymbol{a}$$

$$+ (\boldsymbol{c} \cdot \boldsymbol{b}) \, \boldsymbol{a} - (\boldsymbol{c} \cdot \boldsymbol{a}) \, \boldsymbol{b} = 0 \tag{3.18}$$

と，簡単に出ます.　　　　　　　　　　　　　　　　　　　　（解答終わり）

次は，スカラー3重積とよばれるものについてです.

■問題■　公式

$$\boldsymbol{a} \cdot (\boldsymbol{b} \times \boldsymbol{c}) = \boldsymbol{b} \cdot (\boldsymbol{c} \times \boldsymbol{a}) = \boldsymbol{c} \cdot (\boldsymbol{a} \times \boldsymbol{b}) \tag{3.19}$$

を示し，幾何学的な意味づけをしてください.

まず,

$$\boldsymbol{a} \cdot (\boldsymbol{b} \times \boldsymbol{c}) = \sum_i a_i (\boldsymbol{b} \times \boldsymbol{c})_i = \sum_{i,j,k} a_i \epsilon_{ijk} b_j c_k = \sum_{i,j,k} \epsilon_{ijk} a_i b_j c_k \tag{3.20}$$

です. これが $\boldsymbol{a}, \boldsymbol{b}, \boldsymbol{c}$ の巡回置換で不変なことを示しましょう. 最後の式は,

$$\sum_{i,j,k} \epsilon_{ijk} a_i b_j c_k = \sum_{i,j,k} \epsilon_{ijk} b_j c_k a_i = \sum_{i,j,k} \epsilon_{jki} b_j c_k a_i = \sum_{i,j,k} \epsilon_{ijk} b_i c_j a_k \tag{3.21}$$

となります. 最初の等式は, 単に a_i を後ろにもってきただけ. 2番目の等式は, $\epsilon_{ijk} = \epsilon_{jki}$ を用いただけ. 3番目の等式は, 和をとる添字の i を k に, j を i に, k を j に書き換えただけです. 和をとる添字は, どうせ和をとるので, 何も使ってもよいことに注意しましょう. 同様に,

$$\sum_{i,j,k} \epsilon_{ijk} a_i b_j c_k = \sum_{i,j,k} \epsilon_{ijk} c_i a_j b_k \tag{3.22}$$

です. これで, 問題の等式が示せたことになります.

$\boldsymbol{a} \cdot (\boldsymbol{b} \times \boldsymbol{c})$ はスカラー 3 重積という形です. $\boldsymbol{a}, \boldsymbol{b}, \boldsymbol{c}$ が 1 次従属なら,

$$c_k = \alpha a_k + \beta b_k \tag{3.23}$$

なので,

$$\boldsymbol{a} \cdot (\boldsymbol{b} \times \boldsymbol{c}) = \sum_{i,j,k} a_i \epsilon_{ijk} b_j (\alpha a_k + \beta b_k) = \alpha \sum_{i,j,k} \epsilon_{ijk} a_i b_j a_k + \beta \sum_{i,j,k} \epsilon_{ijk} a_i b_j b_k = 0 \tag{3.24}$$

となります. そこで, $\boldsymbol{a}, \boldsymbol{b}, \boldsymbol{c}$ は 1 次独立だとして説明します. まず, $\boldsymbol{b} \times \boldsymbol{c}$ の大きさ

$$S = \|\boldsymbol{b} \times \boldsymbol{c}\| = \|\boldsymbol{b}\| \, \|\boldsymbol{c}\| \cos \theta \tag{3.25}$$

は, $\boldsymbol{b}$ と $\boldsymbol{c}$ のつくる平行 4 辺形の面積です. ここで, θ は $\boldsymbol{b}$ と $\boldsymbol{c}$ のなす角です. ベクトル $\boldsymbol{b} \times \boldsymbol{c}$ の向きは, その平行 4 辺形に直交する向きのうち, $\boldsymbol{b}$ を $\boldsymbol{c}$ の方向に右ねじを回したときに, ねじの進む方です. その方向の単位ベクトル

$$\boldsymbol{n} = \frac{\boldsymbol{b} \times \boldsymbol{c}}{S} \tag{3.26}$$

と $\boldsymbol{a}$ との内積

$$h = \boldsymbol{a} \cdot \boldsymbol{n} \tag{3.27}$$

は, $\boldsymbol{a}$ の $\boldsymbol{n}$ 方向の成分です. つまり, $\boldsymbol{a}, \boldsymbol{b}, \boldsymbol{c}$ によってつくられる平行 6 面体の高さになります (図 3.1). ただし, h は負の値にもなりうるので, 「向きのついた」 高さです.

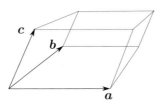

図 3.1　平行 6 面体.

結局

$$\boldsymbol{a} \cdot (\boldsymbol{b} \times \boldsymbol{c}) = hS \tag{3.28}$$

ですから，その平行6面体の，向きのついた体積のことです．今，平行6面体の底面を$\boldsymbol{b}$と$\boldsymbol{c}$の張る平行4辺形にとりましたが，$\boldsymbol{c}$と$\boldsymbol{a}$を底面にとっても，$\boldsymbol{a}$と$\boldsymbol{b}$を底面にとっても同じことですから，$\boldsymbol{a}, \boldsymbol{b}, \boldsymbol{c}$の巡回置換で不変なことが理解できます． （解答終わり）

4重積もやってみましょう．

■問題■ 等式

$$(\boldsymbol{a} \times \boldsymbol{b}) \cdot (\boldsymbol{c} \times \boldsymbol{d}) = (\boldsymbol{a} \cdot \boldsymbol{c})(\boldsymbol{b} \cdot \boldsymbol{d}) - (\boldsymbol{a} \cdot \boldsymbol{d})(\boldsymbol{b} \cdot \boldsymbol{c}) \tag{3.29}$$

を示してください．

これは，

$$
\begin{aligned}
(\boldsymbol{a} \times \boldsymbol{b}) \cdot (\boldsymbol{c} \times \boldsymbol{d}) &= \sum_i (\boldsymbol{a} \times \boldsymbol{b})_i (\boldsymbol{c} \times \boldsymbol{d})_i \\
&= \sum_{i,j,k,l,m} \epsilon_{ijk} a_j b_k \epsilon_{ilm} c_l d_m \\
&= \sum_{j,k,l,m} (\delta_{jl}\delta_{km} - \delta_{jm}\delta_{kl}) a_j b_k c_l d_m \\
&= \sum_{j,k} (a_j b_k c_j d_k - a_j b_k c_k d_j) \\
&= (\boldsymbol{a} \cdot \boldsymbol{c})(\boldsymbol{b} \cdot \boldsymbol{d}) - (\boldsymbol{a} \cdot \boldsymbol{d})(\boldsymbol{b} \cdot \boldsymbol{c}) \tag{3.30}
\end{aligned}
$$

とすればよいです． （解答終わり）

4重積がもうひとつあります．

■問題■ 等式

$$(a \times b) \times (c \times d) = [a \cdot (c \times d)] b - [b \cdot (c \times d)] a \qquad (3.31)$$

を示してください.

ベクトル3重積の公式 (3.15) を使えば簡単です.

$$(a \times b) \times c' = -c' \times (a \times b) = (a \cdot c')b - (b \cdot c')a \qquad (3.32)$$

ですが, これに

$$c' = c \times d \qquad (3.33)$$

を代入すればよいです.   （解答終わり）

次は少し不思議な等式です.

■問題■ 等式

$$[a \cdot (b \times c)] d - [b \cdot (c \times d)] a + [c \cdot (d \times a)] b - [d \cdot (a \times b)] c = 0$$
$$(3.34)$$

を示してください.

これは, 4つのベクトル a, b, c, d の間に常に成り立つ関係式です. この問題だけ出されたら難しいと思いますが, 前問がヒントになっています.

式 (3.31) より,

$$(a \times b) \times (c \times d) = [a \cdot (c \times d)] b - [b \cdot (c \times d)] a, \qquad (3.35)$$

$$(c \times d) \times (a \times b) = [c \cdot (a \times b)] d - [d \cdot (a \times b)] c \qquad (3.36)$$

ですが, 左辺どうしの和は明らかにゼロベクトルなので, 右辺どうしの和もゼロです. つまり,

$$[\boldsymbol{a} \cdot (\boldsymbol{c} \times \boldsymbol{d})]\,\boldsymbol{b} - [\boldsymbol{b} \cdot (\boldsymbol{c} \times \boldsymbol{d})]\,\boldsymbol{a} + [\boldsymbol{c} \cdot (\boldsymbol{a} \times \boldsymbol{b})]\,\boldsymbol{d} - [\boldsymbol{d} \cdot (\boldsymbol{a} \times \boldsymbol{b})]\,\boldsymbol{c} = \boldsymbol{0} \quad (3.37)$$

です．スカラー 3 重積の巡回置換に対する不変性 (3.19) を用いれば，問題の
等式が示せます． （解答終わり）

第 4 章

空間上の微積分

　力学の法則は微分方程式の形であらわされることが多いです．物理量はユークリッド空間上の関数やベクトル場であらわされますので，それらの微分操作や積分操作を使いこなす必要があります．ここでは，ユークリッド空間上の微積分の基本的な操作をみていきます．

4.1　関数とベクトル場の微分

　関数とベクトル場の微分についてみておきましょう．なめらかな関数 f の微分は，基本的に一通りしかなくて，

$$\nabla f = (\partial_x f, \partial_y f, \partial_z f) \tag{4.1}$$

です．ただし，

$$\partial_x = \frac{\partial}{\partial x}, \tag{4.2}$$

$$\partial_y = \frac{\partial}{\partial y}, \tag{4.3}$$

$$\partial_z = \frac{\partial}{\partial z} \tag{4.4}$$

です．∇f を f の勾配といい，ベクトル場になります．∇ は「ナブラ」と読み，ベクトルの形をした微分作用素

$$\nabla = (\partial_x, \partial_y, \partial_z) \tag{4.5}$$

だと解釈できます．勾配 ∇f の第 i 成分は，

$$(\nabla f)_i = \partial_i f \tag{4.6}$$

と書けます．ただし，

$$\partial_1 = \partial_x, \tag{4.7}$$

$$\partial_2 = \partial_y, \tag{4.8}$$

$$\partial_3 = \partial_z \tag{4.9}$$

です．

ベクトル場の微分は2つあります．まず，

$$\nabla \cdot \boldsymbol{a} = \partial_x a_x + \partial_y a_y + \partial_z a_z \tag{4.10}$$

です．これはなめらかなベクトル場から関数をつくる演算で，ベクトル場 $\boldsymbol{a}$ の発散といいます．ベクトル場の発散は，

$$\nabla \cdot \boldsymbol{a} = \sum_{i=1}^{3} \partial_i a_i \tag{4.11}$$

と書けます．

もうひとつは，

$$\nabla \times \boldsymbol{a} = (\partial_y a_z - \partial_z a_y, \ \partial_z a_x - \partial_x a_z, \ \partial_x a_y - \partial_y a_x) \tag{4.12}$$

です．なめらかなベクトル場からベクトル場をつくる演算で，ベクトル場 $\boldsymbol{a}$ の回転といいます．ベクトル場の回転の第 i 成分は，

$$(\nabla \times \boldsymbol{a})_i = \sum_{j,k=1}^{3} \epsilon_{ijk} \partial_j a_k \tag{4.13}$$

となっています．

■ 問題 ■ ベクトル場 $\boldsymbol{a}$ に対して，回転の発散がゼロとなること，

$$\nabla \cdot (\nabla \times \boldsymbol{a}) = 0 \tag{4.14}$$

を示してください．

計算により,

$$\nabla \cdot (\nabla \times \boldsymbol{a}) = \sum_{i=1}^{3} \partial_i (\nabla \times \boldsymbol{a})_i$$

$$= \sum_{i=1}^{3} \partial_i \sum_{j,k=1}^{3} \epsilon_{ijk} \partial_j a_k$$

$$= \sum_{i,j,k=1}^{3} \epsilon_{ijk} \partial_i \partial_j a_k = 0 \tag{4.15}$$

となります.最後にゼロとなるのは,ϵ_{ijk} は添字 i, j に関して反対称,$\partial_i \partial_j$ は添字 i, j に関して対称だからです.

　一般に,

$$A_{ij} = -A_{ji}, \quad S_{ij} = S_{ji} \tag{4.16}$$

のとき,

$$S = \sum_{i,j=1}^{3} A_{ij} S_{ij} = - \sum_{i,j=1}^{3} A_{ji} S_{ji} \tag{4.17}$$

ですが,和をとる添字についての入れ替え $i \to j'$,$j \to i'$ をすると,

$$S = - \sum_{i,j=1}^{3} A_{ji} S_{ji} = - \sum_{j',i'=1}^{3} A_{i'j'} S_{i'j'} = -S \tag{4.18}$$

なので,$S = 0$ となることを使っています.　　　　　　　　　（解答終わり）

　■問題■　関数 f に対して,勾配の回転がゼロベクトルとなること,

$$\nabla \times \nabla f = \boldsymbol{0} \tag{4.19}$$

を示してください.

　第 i 成分を計算すると,

$$(\nabla \times \nabla f)_i = \sum_{j,k=1}^{3} \epsilon_{ijk} \partial_j (\nabla f)_k$$

$$= \sum_{j,k=1}^{3} \epsilon_{ijk} \partial_j \partial_k f = 0 \tag{4.20}$$

となるからです。   （解答終わり）

4.2　ラプラシアン

2次元空間 $\mathbb{R}^2$ 上の関数 $f(x,y)$ に対して，

$$\triangle f := \frac{\partial^2 f}{\partial x^2} + \frac{\partial^2 f}{\partial y^2} \tag{4.21}$$

を f のラプラシアンといいます。あるいは，微分作用素

$$\triangle = \frac{\partial^2}{\partial x^2} + \frac{\partial^2}{\partial y^2} \tag{4.22}$$

のことを $\mathbb{R}^2$ 上のラプラシアンといいます。

3次元空間 $\mathbb{R}^3$ 上の関数 $f(x,y,z)$ に対しても，

$$\triangle f := \frac{\partial^2 f}{\partial x^2} + \frac{\partial^2 f}{\partial y^2} + \frac{\partial^2 f}{\partial z^2} \tag{4.23}$$

を f のラプラシアンといいます。もちろん，微分作用素

$$\triangle = \frac{\partial^2}{\partial x^2} + \frac{\partial^2}{\partial y^2} + \frac{\partial^2}{\partial z^2} \tag{4.24}$$

は $\mathbb{R}^3$ 上のラプラシアンです。

$$\triangle f = 0 \tag{4.25}$$

をラプラス方程式といいます。ラプラス方程式をみたす関数 f のことを調和関数といいます。

4.3　直交曲線座標でのラプラシアン

　問題によっては，デカルト座標のかわりに別の座標系を用いて考えた方が見通しがよい場合があります．ただし，実際に用いられる座標系はだいたい何通りかに決まっていて，ほとんどの場合，直交曲線座標とよばれる種類のものになっています．座標系を変更すると，方程式の形も変わるのですが，ここでは，ラプラス方程式が直交曲線座標でどのように書けるのか知っておきましょう．

　代表的なのは，$\mathbb{R}^2$ における極座標 (r, ϕ) で，

$$x = r \cos \phi, \tag{4.26}$$

$$y = r \sin \phi \tag{4.27}$$

であたえられます（図 4.1）．

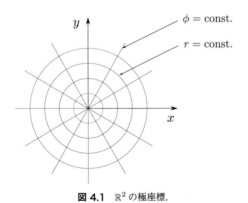

図 4.1　$\mathbb{R}^2$ の極座標.

　$\mathbb{R}^2$ 上の関数 $f(x, y)$ は，極座標では

$$\tilde{f}(r, \phi) := f(x(r, \phi), y(r, \phi)) \tag{4.28}$$

のように関数形が変わります．関数形が変わっているだけで，f と $\tilde{f}$ は $\mathbb{R}^2$ 上の関数としては同じものです．なので，$\tilde{f}$ の「チルダー」は省略してしまうこ

ともあります．ここでは，関数形が違うことを強調するために，しばらく省略しないでおきます．合成関数の微分の規則より，

$$\frac{\partial f}{\partial x} = \frac{\partial r}{\partial x}\frac{\partial \widetilde{f}}{\partial r} + \frac{\partial \phi}{\partial x}\frac{\partial \widetilde{f}}{\partial \phi} \tag{4.29}$$

となります．もう一度微分して，

$$\begin{aligned}
\frac{\partial^2 f}{\partial x^2} &= \frac{\partial^2 r}{\partial x^2}\frac{\partial \widetilde{f}}{\partial r} + \frac{\partial r}{\partial x}\left(\frac{\partial r}{\partial x}\frac{\partial^2 \widetilde{f}}{\partial r^2} + \frac{\partial \phi}{\partial x}\frac{\partial^2 \widetilde{f}}{\partial \phi \partial r}\right) \\
&\quad + \frac{\partial^2 \phi}{\partial x^2}\frac{\partial \widetilde{f}}{\partial \phi} + \frac{\partial \phi}{\partial x}\left(\frac{\partial r}{\partial x}\frac{\partial^2 \widetilde{f}}{\partial r \partial \phi} + \frac{\partial \phi}{\partial x}\frac{\partial^2 \widetilde{f}}{\partial \phi^2}\right) \\
&= \left(\frac{\partial r}{\partial x}\right)^2 \frac{\partial^2 \widetilde{f}}{\partial r^2} + 2\frac{\partial r}{\partial x}\frac{\partial \phi}{\partial x}\frac{\partial^2 \widetilde{f}}{\partial r \partial \phi} + \left(\frac{\partial \phi}{\partial x}\right)^2 \frac{\partial^2 \widetilde{f}}{\partial \phi^2} \\
&\quad + \frac{\partial^2 r}{\partial x^2}\frac{\partial \widetilde{f}}{\partial r} + \frac{\partial^2 \phi}{\partial x^2}\frac{\partial \widetilde{f}}{\partial \phi}. \tag{4.30}
\end{aligned}$$

をえます．x を y に置き換えると，$\partial^2 f/\partial y^2$ の表式もえられます．そのことに注意すると，

$$\begin{aligned}
\triangle f &= \left[\left(\frac{\partial r}{\partial x}\right)^2 + \left(\frac{\partial r}{\partial y}\right)^2\right]\frac{\partial^2 \widetilde{f}}{\partial r^2} + 2\left(\frac{\partial r}{\partial x}\frac{\partial \phi}{\partial x} + \frac{\partial r}{\partial y}\frac{\partial \phi}{\partial y}\right)\frac{\partial^2 \widetilde{f}}{\partial r \partial \phi} \\
&\quad + \left[\left(\frac{\partial \phi}{\partial x}\right)^2 + \left(\frac{\partial \phi}{\partial y}\right)^2\right]\frac{\partial^2 \widetilde{f}}{\partial \phi^2} \\
&\quad + \left(\frac{\partial^2 r}{\partial x^2} + \frac{\partial^2 r}{\partial y^2}\right)\frac{\partial \widetilde{f}}{\partial r} + \left(\frac{\partial^2 \phi}{\partial x^2} + \frac{\partial^2 \phi}{\partial y^2}\right)\frac{\partial \widetilde{f}}{\partial \phi} \tag{4.31}
\end{aligned}$$

がえられます．座標変換 (4.26), (4.27) を逆に解いた式

$$r = \sqrt{x^2 + y^2}, \tag{4.32}$$

$$\phi = \arctan \frac{y}{x} \tag{4.33}$$

を代入して計算すると，

$$\triangle f = \frac{\partial^2 \widetilde{f}}{\partial r^2} + \frac{1}{r}\frac{\partial \widetilde{f}}{\partial r} + \frac{1}{r^2}\frac{\partial^2 \widetilde{f}}{\partial \phi^2}$$

$$= \frac{1}{r}\frac{\partial}{\partial r}\left(r\frac{\partial \widetilde{f}}{\partial r}\right) + \frac{1}{r^2}\frac{\partial^2 \widetilde{f}}{\partial \phi^2} \tag{4.34}$$

となります．つまり，極座標でのラプラシアンは，

$$\triangle = \frac{1}{r}\frac{\partial}{\partial r}r\frac{\partial}{\partial r} + \frac{1}{r^2}\frac{\partial^2}{\partial \phi^2} \tag{4.35}$$

という形をしています．

　極座標を考えるたびにこのような計算をするのは，結構大変ですので，一般の直交曲線座標におけるラプラシアンの形を教えておきます．確かめるのは大変ですが，記憶法だと思っておいてください．座標変換 (4.26), (4.27) の式から，

$$\begin{aligned}
dx &= \frac{\partial x}{\partial r}dr + \frac{\partial x}{\partial \phi}d\phi \\
&= \cos\phi\ dr - r\sin\phi\ d\phi, \tag{4.36} \\
dy &= \frac{\partial y}{\partial r}dr + \frac{\partial y}{\partial \phi}d\phi \\
&= \sin\phi\ dr + r\cos\phi\ d\phi \tag{4.37}
\end{aligned}$$

のような計算をします．このような形は 4.5 節でも説明します．これから，

$$dx^2 + dy^2 = dr^2 + r^2 d\phi^2 \tag{4.38}$$

と計算できます．右辺は $dr, d\phi$ の 2 次の斉次多項式ですが，$dr^2, d\phi^2$ の項だけで，$drd\phi$ という交差項はありません．$dx^2 + dy^2$ を書き換えて，このように交差項のない形になる座標を直交曲線座標といいます．

　一般の直交曲線座標 (u, v) について，

$$dx^2 + dy^2 = Adu^2 + Bdv^2 \tag{4.39}$$

となったとします．すると，(u, v) 座標系でのラプラシアンは，

$$\triangle = \frac{1}{\sqrt{AB}}\left(\frac{\partial}{\partial u}\sqrt{\frac{B}{A}}\frac{\partial}{\partial u} + \frac{\partial}{\partial v}\sqrt{\frac{A}{B}}\frac{\partial}{\partial v}\right) \tag{4.40}$$

であたえられます．極座標におけるラプラシアンもこの形になっていることが

確かめられます.

次は $\mathbb{R}^3$ 上のラプラシアンについてです. やはり, (u, v, w) 座標系で

$$dx^2 + dy^2 + dz^2 = A du^2 + B dv^2 + C dw^2 \tag{4.41}$$

という形になるのが直交曲線座標です. ラプラシアンは,

$$\triangle = \frac{1}{\sqrt{ABC}} \left(\frac{\partial}{\partial u} \sqrt{\frac{BC}{A}} \frac{\partial}{\partial u} + \frac{\partial}{\partial v} \sqrt{\frac{CA}{B}} \frac{\partial}{\partial v} + \frac{\partial}{\partial w} \sqrt{\frac{AB}{C}} \frac{\partial}{\partial w} \right) \tag{4.42}$$

となります.

球座標 (r, θ, ϕ) を

$$x = r \sin\theta \cos\phi, \tag{4.43}$$
$$y = r \sin\theta \sin\phi, \tag{4.44}$$
$$z = r \cos\theta \tag{4.45}$$

によって定めます (図 4.2).

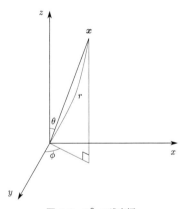

図 4.2 $\mathbb{R}^3$ の球座標.

このとき,

$$dx = \sin\theta \cos\phi\, dr + r \cos\theta \cos\phi\, d\theta - r \sin\theta \sin\phi\, d\phi, \tag{4.46}$$
$$dy = \sin\theta \sin\phi\, dr + r \cos\theta \sin\phi\, d\theta + r \sin\theta \cos\phi\, d\phi, \tag{4.47}$$

$$dz = \cos\theta \ dr - r\sin\theta \ d\theta \tag{4.48}$$

より，

$$dx^2 + dy^2 + dz^2 = dr^2 + r^2 d\theta^2 + r^2 \sin^2\theta d\phi^2 \tag{4.49}$$

と計算できます．したがって，球座標でのラプラシアンは，

$$\triangle = \frac{1}{r^2}\frac{\partial}{\partial r}r^2\frac{\partial}{\partial r} + \frac{1}{r^2\sin\theta}\frac{\partial}{\partial\theta}\sin\theta\frac{\partial}{\partial\theta} + \frac{1}{r^2\sin^2\theta}\frac{\partial^2}{\partial\phi^2} \tag{4.50}$$

という形になります．

4.4　　線積分

　曲線に沿った積分というものがあり，線積分といいます．力学では，例えば物体に対して行う仕事が線積分であらわされます．

　空間 $\mathbb{R}^3$ 内のパラメーター付き曲線を $\boldsymbol{x}(s) = (x(s), y(s), z(s))$ として，それを曲線 γ とよびましょう．パラメーター s は時刻である必要はありません．

　この曲線 γ の各点に，実数値が対応しているとしましょう．そのような対応は，曲線 γ 上の関数といいます．曲線 γ 上の点はパラメーター s で指定されますから，γ 上の関数とは s の実数値関数 $f(s)$ のことです．もちろん，γ は自分自身と交差していてもかまいません．つまり，$s_1 \neq s_2$ に対して $\boldsymbol{x}(s_1) = \boldsymbol{x}(s_2)$ となっていてもよいです．このようなときでも曲線上の関数というときは，$f(s_1) \neq f(s_2)$ でもかまいません．

　パラメーターの範囲を $a \leq s \leq b$ とするとき，γ 上の f の積分を

$$\int_\gamma f(s)ds := \int_a^b f(s)ds \tag{4.51}$$

と定義します．線積分とはこのようなもので，結局普通の意味の関数の積分になります．

　もっとも基本的な線積分として，γ の「長さ」があります．γ 上の点 (x, y, z) と $(x + dx, y + dy, z + dz)$ の距離は，$\sqrt{dx^2 + dy^2 + dz^2}$ なので，γ の長さは，形式的に

$$L = \int_\gamma \sqrt{dx^2 + dy^2 + dz^2}$$

$$= \int_\gamma \sqrt{\left(\frac{dx}{ds}\right)^2 ds^2 + \left(\frac{dy}{ds}\right)^2 ds^2 + \left(\frac{dz}{ds}\right)^2 ds^2}$$

$$= \int_a^b ds \sqrt{\left(\frac{dx(s)}{ds}\right)^2 + \left(\frac{dy(s)}{ds}\right)^2 + \left(\frac{dz(s)}{ds}\right)^2} \tag{4.52}$$

とすればよいです.

曲線 γ には, パラメーター s のとりなおしの自由度がありますが,

$$\left(\frac{dx(x)}{ds}\right)^2 + \left(\frac{dy(s)}{ds}\right)^2 + \left(\frac{dz(s)}{ds}\right)^2 = 1 \tag{4.53}$$

が成り立つようにとったパラメーター s のことを固有長ないし固有パラメーターといいます. 固有長をとったときは, γ の長さは単に

$$L = \int_\gamma ds \tag{4.54}$$

です.

γ 上の各点にベクトルが生えている状況を考えましょう. このようなものを, γ 上のベクトル場といいます. γ 上のベクトル場は,

$$\boldsymbol{a}(s) = (P(s), Q(s), R(s)) \tag{4.55}$$

のように, γ のパラメーター s によるベクトル, という形をしているでしょう. γ の接ベクトル場は,

$$\boldsymbol{x}'(s) := (x'(s), y'(s), z'(s)) \tag{4.56}$$

と定義されます. これらの内積,

$$\boldsymbol{a} \cdot \boldsymbol{x}' := Px' + Qy' + Rz' \tag{4.57}$$

の線積分は,

$$\int_\gamma \boldsymbol{a} \cdot \boldsymbol{x}' ds = \int_\gamma \boldsymbol{a} \cdot \frac{d\boldsymbol{x}}{ds} ds \tag{4.58}$$

$$= \int_\gamma \boldsymbol{a} \cdot d\boldsymbol{x} \tag{4.59}$$

$$= \int_\gamma (Pdx + Qdy + Rdz) \tag{4.60}$$

と色々な形で書かれます．上の積分の中にもあらわれましたが，γ 上の 2 点 (x, y, z)，$(x + dx, y + dy, z + dz)$ を結ぶ無限小ベクトル

$$d\boldsymbol{x} := (dx, dy, dz) \tag{4.61}$$

をベクトル線素といいます．

4.5　面積分

$\mathbb{R}^3$ の中の曲面を考えましょう．$\mathbb{R}^3$ の曲面といったら，2 次元面のことです．曲面の上の積分が面積分です．線積分に比べると少しややこしいです．まずは面積分に慣れて，使えるようにしておきましょう．

簡単な曲面として，xy-平面，つまり $z = 0$ 平面内のある領域 Σ を考えます．Σ 上の関数は，$f(x, y)$ と書けます．f の Σ 上の積分を

$$I = \int_\Sigma f(x, y) dx dy \tag{4.62}$$

と書きます．例えば，Σ が

$$y_1(a) = y_2(a), \quad y_1(b) = y_2(b), \quad y_1(x) \le y_2(x) \tag{4.63}$$

をみたす xy-平面内の $a \le x \le b$ で定義された 2 つの曲線 $y = y_1(x)$, $y = y_2(x)$ で囲まれた領域だとすると，

$$I = \int_a^b dx \left[\int_{y_1(x)}^{y_2(x)} f(x, y) dy \right] \tag{4.64}$$

という意味です（図 4.3）．

特に，$f(x, y) = 1$ として，

$$\int_\Sigma dx dy \tag{4.65}$$

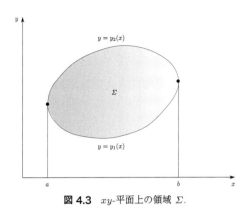

図 4.3 xy-平面上の領域 Σ.

は，領域 Σ の面積になっています．

4.6 面積要素

　面積要素とは微小面積 $dxdy$ のことで，最終的には積分の中に入るものです．ただ，別の座標系で面積要素を書きたいこともあります．ここでは，面積要素の計算の方法をおぼえておきましょう．

　面積要素は dx, dy の積ですが，これは普通の掛け算ではなくて，

$$dxdy = -dydx \tag{4.66}$$

をみたすとします．同様に

$$dxdx = -dxdx \tag{4.67}$$

などとします．これは

$$dxdx = 0 \tag{4.68}$$

という意味になります．

　ここで，(4.38) や (4.49) の計算を思い出して，少し混乱した人がいるかもしれませんが，面積要素の計算と，(4.38), (4.49) のような微小距離の計算は別

のものです．区別したければ，面積要素の計算のときには，$dxdy$ という積を

$$dx \wedge dy \tag{4.69}$$

と書けばよいです．面積要素の計算に使う積を，ウェッジ積といいます．

デカルト座標 (x, y) のかわりに，別の座標系 (u, v) を

$$x = f(u, v), \tag{4.70}$$

$$y = g(u, v) \tag{4.71}$$

で定義します．f, g はなめらかな関数です．このとき点 (u, v) と点 $(u+\Delta u, v+\Delta v)$ での f の値の差を Δf とすると

$$\Delta f \approx \frac{\partial f}{\partial u}\Delta u + \frac{\partial f}{\partial v}\Delta v \tag{4.72}$$

となります．$\Delta u, \Delta v$ を無限小として，このことを

$$dx = df = (\partial_u f)du + (\partial_v f)dv \tag{4.73}$$

と書きます．同様に

$$dy = dg = (\partial_u g)du + (\partial_v g)dv \tag{4.74}$$

です．du, dv の積も

$$dudu = 0, \tag{4.75}$$

$$dudv = -dvdu, \tag{4.76}$$

$$dvdv = 0 \tag{4.77}$$

という規則にしたがうとします．すると

$$
\begin{aligned}
dxdy &= [(\partial_u f)du + (\partial_v f)dv]\,[(\partial_u g)du + (\partial_v g)dv] \\
&= (\partial_u f)(\partial_u g)dudu + (\partial_u f)(\partial_v g)dudv \\
&\quad + (\partial_v f)(\partial_u g)dvdu + (\partial_v f)(\partial_v g)dvdv \\
&= [(\partial_u f)(\partial_v g) - (\partial_v f)(\partial_u g)]\,dudv
\end{aligned}
\tag{4.78}
$$

と計算できますが，最後の表式が座標系 (u, v) での面積要素です．一般に $dudv$

の前に「重み」がつきます．これを積分の中に入れたときは，du と dv の順序は気にしなくてよいです．あくまでも，この重みを計算するために，積分の外では順序つきの積を考えただけだと思っていてください．この重みは

$$J = \det \begin{pmatrix} \partial_u f & \partial_v f \\ \partial_u g & \partial_v g \end{pmatrix} \tag{4.79}$$

と一致しています．J を座標変換のヤコビ行列式といいます．

　例をみておきましょう．$\mathbb{R}^2$，つまり xy-平面の領域

$$\Sigma : x^2 + y^2 \le R^2 \tag{4.80}$$

を考えましょう．Σ は $\mathbb{R}^2$ の原点を中心とする半径 R の円板です．これの面積を求めてみましょう．

$$x = f(r, \phi) = r \cos \phi, \tag{4.81}$$

$$y = g(r, \phi) = r \sin \phi \tag{4.82}$$

で定義される座標 (r, ϕ) を極座標といいます（図 4.4）．

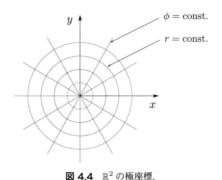

図 4.4 $\mathbb{R}^2$ の極座標．

　極座標では

$$\Sigma : 0 \le r \le R \tag{4.83}$$

です．

$dx,\ dy$ は

$$dx = \cos\phi\ dr - r\sin\phi\ d\phi, \tag{4.84}$$

$$dy = \sin\phi\ dr + r\cos\phi\ d\phi \tag{4.85}$$

ですから，面積要素は

$$dxdy = (\cos\phi\ dr - r\sin\phi\ d\phi)(\sin\phi\ dr + r\cos\phi\ d\phi)$$

$$= rdrd\phi \tag{4.86}$$

と計算できます．これから Σ の面積 A は，

$$A = \int_{\Sigma} dxdy = \int_{\Sigma} rdrd\phi$$

$$= \int_{0}^{R} rdr \int_{0}^{2\pi} d\phi = \pi R^2 \tag{4.87}$$

と計算できます．

4.7　曲面の取り扱い

$\mathbb{R}^3$ の曲面を Σ としましょう．曲面 Σ は，一般に

$$F(x, y, z) = 0 \tag{4.88}$$

というような 1 つの方程式であらわせます．ただし，$F(x, y, z)$ はなめらかな関数だとします．F の勾配 ∇F は，$F = \mathrm{const.}$ であたえられる曲面上で，その曲面に垂直な方向を向いています．特に Σ 上では Σ に垂直です．曲面 Σ に垂直な単位ベクトル $\boldsymbol{n}$ は，その点で $\nabla F \neq \boldsymbol{0}$ だとすると，

$$\boldsymbol{n} = \frac{\nabla F}{\|\nabla F\|} \tag{4.89}$$

であたえられます．これは Σ 上のベクトル場だと理解します．Σ に垂直な単位ベクトル場には向きのとり方によって $\pm\boldsymbol{n}$ と 2 種類あることに注意しましょう．

わかりやすいものとして，

$$z = f(x, y) \tag{4.90}$$

という形のものがあります. $F = z - f(x, y)$ の場合です. これを曲面 Σ とよびましょう. このとき,

$$\boldsymbol{n} = \frac{\nabla(z - f)}{\|\nabla(z - f)\|} = \frac{(-\partial_x f, -\partial_y f, 1)}{\sqrt{1 + (\partial_x f)^2 + (\partial_y f)^2}} \tag{4.91}$$

です. $\nabla(z - f)$ の向きは, z 方向を上向きだとすれば, 上側を向いています.

xy-平面の微小な長方形 $[x, x + \Delta x] \times [y, y + \Delta x]$ の真上にある Σ の部分 ΔS を考えましょう (図 4.5). ここの部分の面積は $\Delta x \Delta y$ ではなくて, それより少し大きいことがわかると思います. それは, ΔS が少し傾いているからです. ΔS は微小なので平面だと思うことができます. その傾きは $\boldsymbol{n}$ と z 軸の間のなす角 θ で測れ, $\boldsymbol{n} = (n_x, n_y, n_z)$ とすると,

$$\cos\theta = n_z = \frac{1}{\sqrt{1 + (\partial_x f)^2 + (\partial_y f)^2}} = \frac{1}{\sqrt{1 + \|\nabla f\|^2}} \tag{4.92}$$

とあたえられます.

ΔS の面積を $|\Delta S|$ と書くことにすると,

$$|\Delta S| \approx \frac{\Delta x \Delta y}{\cos\theta} = \sqrt{1 + \|\nabla f\|^2} \, \Delta x \Delta y \tag{4.93}$$

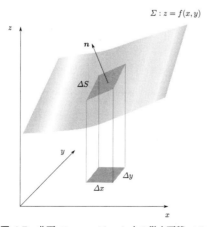

図 4.5 曲面 $\Sigma : z = f(x, y)$ 上の微小面積 ΔS.

となります. Δx と Δy を無限小にしたときは $dx,\, dy$ とあらわし, $|\Delta S|$ は dS とします. すると,

$$dS = \sqrt{1 + \|\nabla f\|^2}\, dxdy \tag{4.94}$$

となります. dS が曲面 Σ の面積要素をあたえます.

例をみておきましょう. 曲面 Σ が

$$z = f(x,y) = \sqrt{R^2 - x^2 - y^2}, \qquad (x^2 + y^2 \leq R^2) \tag{4.95}$$

であたえられるとします. Σ は原点を中心とする半径 R の球面の北半球のことです.

$$\nabla f = \frac{(-x, -y, 0)}{\sqrt{R^2 - x^2 - y^2}} \tag{4.96}$$

ですから,

$$1 + \|\nabla f\|^2 = 1 + \frac{x^2 + y^2}{R^2 - x^2 - y^2} = \frac{R^2}{R^2 - r^2} \tag{4.97}$$

です. ただし

$$r^2 = x^2 + y^2 \tag{4.98}$$

です. すると, Σ の面積 A は

$$\begin{aligned}
A &= \int_{\Sigma} dS = \int_{r \leq R} \sqrt{1 + \|\nabla f\|^2}\, dxdy \\
&= \int_{r \leq R} \frac{R dxdy}{\sqrt{R^2 - r^2}} = \int_{r \leq R} \frac{R r dr d\phi}{\sqrt{R^2 - r^2}} \\
&= R \int_0^R \frac{r dr}{\sqrt{R^2 - r^2}} \int_0^{2\pi} d\phi \\
&= 2\pi R \times \left[-\sqrt{R^2 - r^2} \right]_{r=0}^{r=R} = 2\pi R^2
\end{aligned} \tag{4.99}$$

と計算できます.

面積要素 (4.94) は,

$$dS = \frac{dxdy}{n_z} \tag{4.100}$$

とも書けます．ただし，n_z は曲面の単位法線ベクトル $\boldsymbol{n}$ の z 成分です．x, y, z の役割を入れ替えると，

$$dS = \frac{dxdy}{n_z} = \frac{dydz}{n_x} = \frac{dzdx}{n_y} \tag{4.101}$$

とも書けることに注意しましょう．

■■■ 問題 ■■■ $\mathbb{R}^3$ の半径 R の球面上の面積要素を求めてください．

　ここで，具体例を扱ってみましょう．半径 R の球面の北半球 N は，

$$z = \sqrt{R^2 - x^2 - y^2} \tag{4.102}$$

であたえられます．N 上の単位法線ベクトルは，

$$\boldsymbol{n} = \frac{(x, y, z)}{R} = \frac{(x, y, \sqrt{R^2 - x^2 - y^2})}{R} \tag{4.103}$$

です．したがって，面積要素は

$$dS = \frac{dxdy}{n_z} = \frac{Rdxdy}{\sqrt{R^2 - x^2 - y^2}} \tag{4.104}$$

となります．南半球は

$$z = -\sqrt{R^2 - x^2 - y^2} \tag{4.105}$$

ですが，S 上の単位法線ベクトルも $n_z > 0$ となるようにとると，

$$\boldsymbol{n} = -\frac{(x, y, z)}{R} = \frac{(-x, -y, \sqrt{R^2 - x^2 - y^2})}{R} \tag{4.106}$$

なので，やはり

$$dS = \frac{dxdy}{n_z} = \frac{Rdxdy}{\sqrt{R^2 - x^2 - y^2}} \tag{4.107}$$

となります．

　ただし，デカルト座標のままで面積分を考えるのは得策ではありません．球面座標

$$x = R \sin\theta \cos\phi, \tag{4.108}$$

$$y = R \sin\theta \sin\phi \tag{4.109}$$

を使うとよいです（図 4.6）.

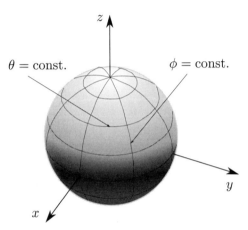

$\theta = \text{const.}$　　　$\phi = \text{const.}$

図 4.6　球面上の球面座標.

(4.108), (4.109) の微分を

$$dx = R(\cos\theta \cos\phi \, d\theta - \sin\theta \sin\phi \, d\phi), \tag{4.110}$$

$$dy = R(\cos\theta \sin\phi \, d\theta + \sin\theta \cos\phi \, d\phi) \tag{4.111}$$

と計算します. これらのウェッジ積をとって,

$$dxdy = R^2 \sin\theta \cos\theta d\theta d\phi \tag{4.112}$$

となります. これから,

$$dS = \frac{Rdxdy}{\sqrt{R^2 - x^2 - y^2}} = R^2 \sin\theta d\theta d\phi \tag{4.113}$$

が球面上の面積要素となります.　　　　　　　　　　　（解答終わり）

球面の面積 A を求めてみましょう.

$$A = \int_S dS = R^2 \int_0^\pi \sin\theta d\theta \int_0^{2\pi} d\phi = 4\pi R^2 \tag{4.114}$$

となっています.

4.8 体積要素

$\mathbb{R}^3$ の中の直方体の内部, 球の内部など, 3次元的な広がりをもつものを $\mathbb{R}^3$ の領域といいます. $\mathbb{R}^3$ の領域上で定義された関数をその領域で積分するということがあります.

領域内の点 (x, y, z) を1つの頂点とする微小な直方体

$$[x, x + \Delta x] \times [y, y + \Delta y] \times [z, z + \Delta z] \tag{4.115}$$

の体積は $\Delta x \Delta y \Delta z$ ですが, これを無限小体積としたものを $dxdydz$ と書き, 体積要素といいます.

領域 Λ 上の関数 $f(x, y, z)$ の積分を

$$\int_\Lambda f dxdydz \tag{4.116}$$

と書きます.

積分記号 $\int$ の中に入る前の体積要素の計算では, 面積要素の計算のときと同じく, dx, dy, dz の間の積は順番を入れ替えるごとに符号を反転させるというルールのもとで行います.

一般の座標系 (u, v, w) のもとでの体積要素を計算してみましょう. 座標変換を

$$x = f(u, v, w), \tag{4.117}$$

$$y = g(u, v, w), \tag{4.118}$$

$$z = h(u, v, w) \tag{4.119}$$

としましょう. これを微分すると

$$dx = (\partial_u f)du + (\partial_v f)dv + (\partial_w f)dw, \tag{4.120}$$

$$dy = (\partial_u g)du + (\partial_v g)dv + (\partial_w g)dw, \tag{4.121}$$

$$dz = (\partial_u h)du + (\partial_v h)dv + (\partial_w h)dw \tag{4.122}$$

です．これから，ちょっと長くなりますが

$$
\begin{aligned}
dxdydz &= (\partial_u f)(\partial_v g)(\partial_w h)dudvdw + (\partial_u f)(\partial_w g)(\partial_v h)dudwdv \\
&\quad + (\partial_v f)(\partial_u g)(\partial_w h)dvdudw + (\partial_v f)(\partial_w g)(\partial_u h)dvdwdu \\
&\quad + (\partial_w f)(\partial_u g)(\partial_v h)dwdudv + (\partial_w f)(\partial_v g)(\partial_u h)dwdvdu \\
&= Jdudvdw
\end{aligned}
\tag{4.123}
$$

となります．ただし，

$$
J = \det \begin{pmatrix} \partial_u f & \partial_v f & \partial_w f \\ \partial_u g & \partial_v g & \partial_w g \\ \partial_u f & \partial_v h & \partial_w h \end{pmatrix}
\tag{4.124}
$$

はヤコビ行列式です．

■■ 問題 ■■ $\mathbb{R}^3$ の半径 R の球体の体積を求めてください．

　体積要素は $dxdydz$ ですが，デカルト座標より球座標 (r, θ, ϕ) の方が計算しやすいです．球座標への座標変換は

$$x = r\sin\theta\cos\phi, \tag{4.125}$$

$$y = r\sin\theta\sin\phi, \tag{4.126}$$

$$z = r\cos\theta \tag{4.127}$$

であたえられます（図 4.7）．
　(4.125), (4.126), (4.127) の微分は，

$$dx = \sin\theta\cos\phi\, dr + r\cos\theta\cos\phi\, d\theta - r\sin\theta\sin\phi\, d\phi, \tag{4.128}$$

$$dy = \sin\theta\sin\phi\, dr + r\cos\theta\sin\phi\, d\theta + r\sin\theta\cos\phi\, d\phi, \tag{4.129}$$

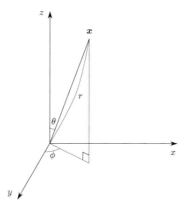

図 4.7 $\mathbb{R}^3$ の球座標.

$$dz = \cos\theta \, dr - r\sin\theta \, d\theta \tag{4.130}$$

となりますが，これらのウェッジ積をとると，

$$dxdydz = \det\begin{pmatrix} \sin\theta\cos\phi & r\cos\theta\cos\phi & -r\sin\theta\sin\phi \\ \sin\theta\sin\phi & r\cos\theta\sin\phi & r\sin\theta\cos\phi \\ \cos\theta & -r\sin\theta & 0 \end{pmatrix} drd\theta d\phi$$

$$= r^2 \sin\theta \, drd\theta d\phi \tag{4.131}$$

となります（図 4.8）.

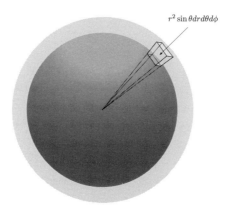

$r^2 \sin\theta dr d\theta d\phi$

図 4.8 球座標における体積要素.

球体を

$$D : x^2 + y^2 + z^2 \leq R^2 \tag{4.132}$$

とすると，体積 V は

$$V = \int_D dxdydz = \int_0^R r^2 dr \int_0^\pi \sin\theta \, d\theta \int_0^{2\pi} d\phi = \frac{4\pi R^3}{3} \tag{4.133}$$

となります． （解答終わり）

4.9　グリーンの定理

　これからいくつかの積分定理をみていきます．積分定理は，ベクトル場の線積分，面積分，体積積分の間に成り立つ関係式をあたえるものです．積分定理の背後にあるのは，微積分の基本定理

$$\int_a^b f'(x)dx = f(b) - f(a) \tag{4.134}$$

です．

　最初に考えるのは，グリーンの定理です．$\mathbb{R}^2$ の閉曲線 γ を考えます．簡単のために，γ は $\mathbb{R}^2$ の凸領域 Σ の境界だとしましょう．凸領域とは，領域内の任意の 2 点をとったとき，その 2 点を結ぶ線分がその領域からはみ出ないという性質をもつ領域のことです．

　デカルト座標 (x, y) を用いて γ をあらわすと，γ は $a \leq x \leq b$ の範囲にあって，2 つのグラフ

$$\gamma : y = f_+(x), \quad f_-(x) \tag{4.135}$$

として書けるとしましょう．ただし，$f_+(x) \geq f_-(x)$ です．

　P を $\mathbb{R}^2$ 上のなめらかな関数として，面積分

$$B = \int_\Sigma \frac{\partial P}{\partial y} dxdy \tag{4.136}$$

を考えます．これは，

$$B = \int_a^b \left(\int_{f_-(x)}^{f_+(x)} \frac{\partial P}{\partial y} dy \right) dx$$

$$= \int_a^b P(x, f_+(x))dx - \int_a^b P(x, f_-(x))dx$$

$$= \int_\gamma P dx \tag{4.137}$$

とできます. ただし γ に沿う線積分は反時計回りに行います. 上では, $f_+(a) = f_-(a)$ と $f_+(b) = f_-(b)$ を仮定しましたが, $f_+(a) \geq f_-(a)$, $f_+(b) \geq f_-(b)$ の場合でも同じ結果になります.

次に, 別の見方をして, γ は $c \leq y \leq d$ の範囲で2つのグラフ

$$\gamma : x = g_+(y), \quad g_-(y) \tag{4.138}$$

としてあらわされると考えましょう. ただし, $g_+(y) \geq g_-(y)$ だとします. このとき, Q を別の関数として, 面積分

$$A = \int_\Sigma \frac{\partial Q}{\partial x} dx dy \tag{4.139}$$

を考えます. これも同様に

$$A = \int_c^d \left(\int_{g_-(y)}^{g_+(y)} \frac{\partial Q}{\partial x} dx \right) dy$$

$$= \int_c^d Q(g_+(y), y)dy - \int_c^d Q(g_-(y), y)dy$$

$$= -\int_\gamma Q dy \tag{4.140}$$

と計算できます. γ の積分を反時計回りとすると, 今回は積分の前に負号があらわれます.

以上より, $A - B$ を考えると

$$\int_\Sigma \left(\frac{\partial Q}{\partial x} - \frac{\partial P}{\partial y} \right) dx dy = \int_\gamma (P dx + Q dy) \tag{4.141}$$

という等式がえられました. この公式が成り立つという主張をグリーンの定理といいます (図 4.9).

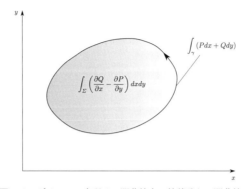

図 4.9 グリーンの定理は，閉曲線上の線積分と，閉曲線に
囲まれた領域上の面積分との関係をあたえる.

Σ が凸領域だという仮定ははずすことができます．結果として，グリーンの
公式 (4.141) は一般の領域 Σ に対して成り立ちます．

4.10 ストークスの定理

グリーンの定理は xy-平面上の領域についての積分定理ですが，これをある
意味で一般化したものとして，ストークスの定理があります．

Σ' を xy-平面上の閉曲線 γ' によって囲まれる領域として，$\mathbb{R}^3$ のなめらかな
曲面

$$\Sigma : z = f(x, y) \tag{4.142}$$

を考えます．ただし f は Σ' 上で定義されているとします．Σ は Σ' の上空にあ
る曲面で，閉曲線 γ によって囲まれているとしましょう（図 4.10）．

曲面 Σ 上の，単位法ベクトル場 $\boldsymbol{n}$ は，

$$\boldsymbol{n} = \frac{(-\partial_x f, -\partial_y f, 1)}{\sqrt{1 + (\partial_x f)^2 + (\partial_y f)^2}} \tag{4.143}$$

です．

$\mathbb{R}^2$ のなめらかなベクトル場

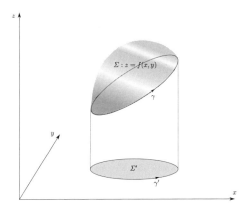

図 4.10 xy-平面内の領域 Σ' 上で定義された関数 $f(x,y)$ を高さとする曲面 Σ.

$$\boldsymbol{a} = (P, Q, R) \tag{4.144}$$

を考えます.

P, Q, R は (x, y, z) の関数ですが, Σ 上に制限すると, $P(x, y, f(x, y))$ のように (x, y) の関数になります. そうすると, $\partial_x P$ と書いただけでは, (x, y, z) の関数として偏微分をしているのか, $z = f(x, y)$ を代入してから偏微分をしているのか, 混乱がおきます. そこで, (x, y, z) の関数として x で偏微分したあとで $z = f(x, y)$ を代入したものを P_x のようにあらわすことにし, $z = f(x, y)$ を代入して (x, y) の関数としたあとで x で偏微分することは, $\partial_x P$ とあらわすことにします. 同様に, P_{xy} は P を (x, y, z) の関数として, x と y で偏微分したあとで, $z = f(x, y)$ を代入したものです.

$\boldsymbol{a}$ の回転と $\boldsymbol{n}$ との内積は, Σ 上で

$$
\begin{aligned}
(\nabla \times \boldsymbol{a}) \cdot \boldsymbol{n} &= \frac{-f_x(R_y - Q_z) - f_y(P_z - R_x) + Q_x - P_y}{\sqrt{1 + f_x^2 + f_y^2}} \\
&= \frac{Q_x + Q_z f_x + (Rf_y)_x + (Rf_y)_z f_x}{\sqrt{1 + f_x^2 + f_y^2}} \\
&\quad - \frac{P_y + P_z f_y + (Rf_x)_y + (Rf_y)_z f_y}{\sqrt{1 + f_x^2 + f_y^2}}
\end{aligned}
\tag{4.145}
$$

となります.

一般に，(x, y, z) の関数 $F(x, y, z)$ に対して，

$$\partial_x F(x, y, f(x, y)) = F_x + F_z f_x, \tag{4.146}$$

$$\partial_y F(x, y, f(x, y)) = F_y + F_z f_y \tag{4.147}$$

です．このことに注意すると，上は

$$(\nabla \times \boldsymbol{a}) \cdot \boldsymbol{n} = n_z \left[\partial_x (Q + R f_y) - \partial_y (P + R f_x) \right] \tag{4.148}$$

と書くことができます．

したがって，

$$\begin{aligned}
\int_\Sigma (\nabla \times \boldsymbol{a}) \cdot \boldsymbol{n} \, dS &= \int_{\Sigma'} \left[\partial_x (Q + R f_y) - \partial_y (P + R f_x) \right] \, dx dy \\
&= \int_{\gamma'} \left[(P + R f_x) dx + (Q + R f_y) dy \right]
\end{aligned} \tag{4.149}$$

となります．

一方，Σ を囲む閉曲線 γ 上でのベクトル線素は，

$$d\boldsymbol{x} = (dx, dy, df(x, y)) = (dx, dy, f_x dx + f_y dy) \tag{4.150}$$

ですので，

$$\begin{aligned}
\int_\gamma \boldsymbol{a} \cdot d\boldsymbol{x} &= \int_{\gamma'} \left[P dx + Q dy + R(f_x dx + f_y dy) \right] \\
&= \int_{\gamma'} \left[(P + R f_x) dx + (Q + R f_y) dy \right]
\end{aligned} \tag{4.151}$$

となります．ただし，γ 上の線積分の向きは，Σ 上のベクトル場 $\boldsymbol{n}$ に関して右ねじの方向だとしています．したがって，

$$\int_\Sigma (\nabla \times \boldsymbol{a}) \cdot \boldsymbol{n} \, dS = \int_\gamma \boldsymbol{a} \cdot d\boldsymbol{x} \tag{4.152}$$

が成り立ちます．これをストークスの公式といいます．

今，$z = f(x, y)$ であらわされる曲面についてストークスの公式を確かめましたが，閉曲線で囲まれるなめらかな曲面について，ストークスの公式は一般的に成り立ちます．ストークスの公式が成り立つという主張を，ストークスの定理といいます．

4.11 発散定理

はじめは簡単のために領域 Λ は $\mathbb{R}^3$ の凸領域だとしましょう。Λ が凸領域だというのは、Λ の任意の2点を結ぶ線分が Λ からはみ出さないことをいいます。

R を $\mathbb{R}^3$ 上のなめらかな関数として、体積積分

$$C = \int_\Lambda \frac{\partial R}{\partial z} dxdydz \tag{4.153}$$

を考えます。領域 Λ の境界にある閉曲面を Σ とします。Σ は、xy-平面の領域 W で定義された関数 f_+, f_- によって決められる曲面

$$\Sigma_+ : z = f_+(x,y), \quad \Sigma_- : f_-(x,y) \tag{4.154}$$

からなっているでしょう。ただし、W 上で $f_+(x,y) \geq f_-(x,y)$ です（図 4.11）。

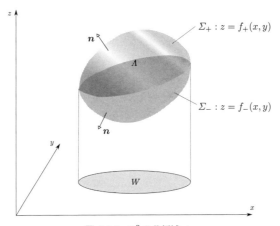

図 4.11 $\mathbb{R}^3$ の凸領域 Λ.

すると、(4.153) の積分は、

$$C = \int_W \left(\int_{f_-(x,y)}^{f_+(x,y)} \frac{\partial R}{\partial z} dz \right) dxdy$$
$$= \int_W R(x,y,f_+(x,y))dxdy - \int_W R(x,y,f_-(x,y))dxdy$$

$$= \int_{\Sigma_+} R n_z dS + \int_{\Sigma_-} R n_z dS$$

$$= \int_{\Sigma} R n_z dS \qquad (4.155)$$

と計算できます．ただし，n_z は Σ の法線ベクトル $\boldsymbol{n} = (n_x, n_y, n_z)$ の z 成分で，$\boldsymbol{n}$ としては領域 Λ からみて外向きの方向のものを選んでいます．そのために，2 つ目の等式では第 2 項の符号が反転しています．

同様に，なめらかな関数 P, Q に対して

$$A = \int_{\Lambda} \frac{\partial P}{\partial x} dx dy dz = \int_{\Sigma} P n_x dS, \qquad (4.156)$$

$$B = \int_{\Lambda} \frac{\partial Q}{\partial y} dx dy dz = \int_{\Sigma} Q n_y dS \qquad (4.157)$$

のような計算ができます．

$A + B + C$ は，

$$\int_{\Lambda} \left(\frac{\partial P}{\partial x} + \frac{\partial Q}{\partial y} + \frac{\partial R}{\partial z} \right) dx dy dz = \int_{\Sigma} (P n_x + Q n_y + R n_z) dS \qquad (4.158)$$

となります．$\boldsymbol{u} = (P, Q, R)$ というベクトル場をつくると，

$$\int_{\Lambda} \nabla \cdot \boldsymbol{u} \, dx dy dz = \int_{\Sigma} \boldsymbol{u} \cdot \boldsymbol{n} \, dS \qquad (4.159)$$

という形に書けます．この公式が成り立つという主張を発散定理といいます．

今，Λ を凸領域としましたが，上の導出を少し改良すれば，この仮定は外せることがわかると思います．

第 5 章

力学の基礎

5.1　エネルギー保存則

　物体の運動を考えるとき，実際には色々な理想化をします．例えば野球の
ボールは無数の分子からできていますが，そんな複雑なことは考えずに，質点
としたり，剛体球としたりという簡単化をします．それは問題のたて方の話で
す．今，簡単に質量 m の 1 つの質点について考えましょう．

　質点の運動エネルギーと位置エネルギーの和を力学的エネルギーといい，力
学的エネルギーが時間的に一定になるという法則があります．これは，ニュー
トンの 3 法則に含まれてはいませんでしたが，3 法則とは別に要請されている
自然法則なのでしょうか．

　質点の位置エネルギーというのは，関数 $U(x, y, z, t)$ であたえられます．質
点が時刻 t に位置 (x, y, z) にいるとき，質点の位置エネルギーは $U(x, y, z, t)$ で
ある，といういい方をします．

　質点が位置エネルギーをもっていると，質点にはそれによる力が働きます．
その力は，

$$\boldsymbol{F} = -\nabla U \tag{5.1}$$

であたえられます．この関係式が，むしろ位置エネルギーの定義です．つま
り，質点に働く力がある関数 $(-U)$ の勾配で書けるときに，U のことを質点の
位置エネルギーだといいます．あるいは，位置エネルギーのことをポテンシャ
ルエネルギーということが多いです．

　もし，関数 $U(x, y, z, t)$ が時刻 t によらないなら，質点の力学的エネルギーは
保存します．

> ■■ 問題 ■■　質量 m の質点の位置エネルギーが，関数形が時間によらない，空間上の関数 $U(x, y, z)$ によってあたえられるとき，力学的エネルギーが保存することを示してください．

　運動方程式は

$$m\ddot{\boldsymbol{x}} = -\nabla U \tag{5.2}$$

であたえられます．両辺に対して，$\dot{\boldsymbol{x}}$ との内積をとると

$$m\dot{\boldsymbol{x}} \cdot \ddot{\boldsymbol{x}} = -\dot{\boldsymbol{x}} \cdot \nabla U \tag{5.3}$$

となります．これの内容は，具体的に丁寧に書くと，

$$
\begin{aligned}
m[\dot{x}(t)\ddot{x}(t) + \dot{y}(t)\ddot{y}(t) + \dot{z}(t)\ddot{z}(t)] = &- \dot{x}(t)U_x(x(t), y(t), z(t)) \\
&- \dot{y}(t)U_y(x(t), y(t), z(t)) \\
&- \dot{z}(t)U_z(x(t), y(t), z(t))
\end{aligned} \tag{5.4}
$$

です．ただし，U_x, U_y, U_z は，3 変数関数 $U(x, y, z)$ のそれぞれ x, y, z に関する偏導関数です．これは，

$$\frac{d}{dt}\left[\frac{m}{2}(\dot{x}(t)^2 + \dot{y}(t)^2 + \dot{z}(t)^2)\right] = \frac{d}{dt}U(x(t), y(t), z(t)) \tag{5.5}$$

と書き換えられます．したがって，

$$K = \frac{m}{2}(\dot{x}^2 + \dot{y}^2 + \dot{z}^2) \tag{5.6}$$

を質点の運動エネルギーとすると，

$$\frac{d}{dt}(K + U) = 0 \tag{5.7}$$

となり，力学的エネルギー $K + U$ が保存量となることをあらわしています．

（解答終わり）

　式 (5.4) から (5.5) を導くときに，U が時間によらないことを用いていることに注意しましょう．エネルギー保存則は，最初から要求したというわけでは

なくて，運動方程式を積分して，その結果として導けるものです．

5.2 　保存力

　重力場のような外場中に質量 m の物体があるとします．問題をはっきりさせるため，この物体を質点として扱うことにしましょう．質点が外場から受ける力が，質点の位置のみによっていて，時間にはよらないとします．質点が空間のある地点 (x, y, z) にいるときは，いつでも同じ力 $\boldsymbol{F}(x, y, z)$ を受けることになります．

　静止している質点を，始点を P，終点を Q にもつ曲線 γ に沿って，地点 P から地点 Q までゆっくり持ち運ぶには，質点が外場から受ける力に抗して仕事をしなければなりません．それに必要な仕事 W は，線積分

$$W = -\int_{\gamma} \boldsymbol{F} \cdot d\boldsymbol{x} \tag{5.8}$$

であらわされます．もし，地表付近のように，外場が重力加速度の大きさが g である一様重力場のときには，この仕事が，Q と P の高低差 h を用いて $W = mgh$ となることは，みなさんがよく知っていることです．しかし一般の外場のもとでは，仕事 W はもしかしたら P と Q を結ぶ経路のとり方によるかもしれません．

　もし，どの2地点 P，Q をとっても，質点を P から Q に運ぶのに必要な仕事 W が質点を運ぶ経路によらないとき，そのような外場は保存力場だといいます．また，保存力場中で質点に働く力を保存力といいます．一様重力場は保存力場だということになります．

　今，空間の任意の閉曲線 γ を考えます．γ 上の一点 P から，γ に沿って保存力場中の質点を運ぶときに必要な仕事 W は，P を通る閉曲線のとり方にはよりません．そのような閉曲線としては，いくらでも短いものがとれますから，$W = 0$ だとわかります．つまり，空間の任意の閉曲線 γ に対して，

$$W = -\int_{\gamma} \boldsymbol{F} \cdot d\boldsymbol{x} = 0 \tag{5.9}$$

となります.

逆に, 任意の閉曲線 γ に対して (5.9) が成り立つとしましょう. 空間の任意の2点 P, Q をとります. P を始点, Q を終点とする任意の2つの経路 γ_1, γ_2 をとります. 経路には向きがついていることに注意します. γ_2 を逆にたどる経路を γ_2' と書くことにします. γ_2' は Q を始点, P を終点にもつ経路です. すると, γ_1 と γ_2' をつなげて, P を始点, P を終点とする閉曲線 γ をつくることができます (図5.1).

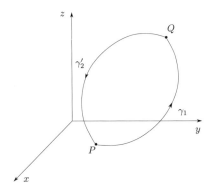

図 5.1 空間の2点 P と Q を結ぶ2つの経路をつなげて閉曲線をつくる.

閉曲線 γ に沿って質点を運ぶときに必要な仕事 W は, 仮定よりゼロです. これは,

$$W = -\int_\gamma \boldsymbol{F} \cdot d\boldsymbol{x} = -\int_{\gamma_1} \boldsymbol{F} \cdot d\boldsymbol{x} - \int_{\gamma_2'} \boldsymbol{F} \cdot d\boldsymbol{x} = 0 \qquad (5.10)$$

と書くことができます. ところが, γ_2' は γ_2 を逆にたどる経路だということから,

$$\int_{\gamma_2'} \boldsymbol{F} \cdot d\boldsymbol{x} = -\int_{\gamma_2} \boldsymbol{F} \cdot d\boldsymbol{x} \qquad (5.11)$$

です. したがって,

$$\int_{\gamma_1} \boldsymbol{F} \cdot d\boldsymbol{x} = \int_{\gamma_2} \boldsymbol{F} \cdot d\boldsymbol{x} \qquad (5.12)$$

が成り立ちます. このことが任意の2点 P, Q に対して成り立つことから, $\boldsymbol{F}$

は保存力だということになります.

　これらのことから, 任意の閉曲線 γ に対して (5.9) が成り立つ必要十分条件
は, $\boldsymbol{F}$ が保存力だということになります.

　■問題■　質点の受ける力 $\boldsymbol{F}$ が, 質点の位置のみによるとします. $\boldsymbol{F}$ が
保存力であることと, 空間上の関数 $U(x, y, z)$ が存在して,

$$\boldsymbol{F} = -\nabla U \tag{5.13}$$

と書けることは, 等価であることを示してください.

　すでにかなり説明しましたので, 残りの部分だけです. ここでは, $\boldsymbol{F}$ がなめ
らかであることは仮定します.

　まず, 十分性を示しましょう. なめらかな関数 $U(x, y, z)$ が存在して,

$$\boldsymbol{F} = -\nabla U \tag{5.14}$$

が成り立つとします. 空間の任意の閉曲線 γ をとります. すると, ストークス
の定理より

$$\int_\gamma \boldsymbol{F} \cdot d\boldsymbol{x} = -\int_\gamma \nabla U \cdot d\boldsymbol{x} = -\int_\Sigma (\nabla \times \nabla U) \cdot \boldsymbol{n} \; dS = 0 \tag{5.15}$$

が成り立ちます. ただし, Σ は γ を境界とするなめらかな曲面, $\boldsymbol{n}$ は Σ 上の単
位法線ベクトル場です. 最後の等式は, 4.1 節で示したように, 任意の関数 U
に対して勾配の回転がゼロになることからしたがいます. このことから, $\boldsymbol{F}$ は
保存力でなければなりません.

　必要性を示しましょう. なめらかなベクトル場 $\boldsymbol{F}$ が保存力だとします. こ
のとき, 空間の 1 点 P を基準点にとり, P から空間の任意の点 (x, y, z) に至る
経路に沿った線積分

$$U(x, y, z) = -\int_P^{(x,y,z)} \boldsymbol{F} \cdot d\boldsymbol{x} \tag{5.16}$$

を定義します. この線積分は, $\boldsymbol{F}$ が保存則だという仮定により, 途中の経路に

よらないので，うまく定義されています．すると，

$$U(x + \Delta x, y, z) - U(x, y, z) = -\int_{(x,y,z)}^{(x+\Delta x, y, z)} \boldsymbol{F} \cdot d\boldsymbol{x} \tag{5.17}$$

となります．この線積分も，(x, y, z) と $(x + \Delta x, y, z)$ を結ぶ経路によりません．x 軸と平行な経路にとると，

$$U(x + \Delta x, y, z) - U(x, y, z) = -\int_{x}^{x+\Delta x} F_x(s, y, z) ds \tag{5.18}$$

のように，通常の関数の積分になります．したがって，

$$U_x(x, y, z) = -F_x(x, y, z) \tag{5.19}$$

となります．ただし，U_x は $U(x, y, z)$ の x に関する1階偏導関数，F_x はベクトル場 $\boldsymbol{F}$ の x 成分です．同様に，

$$U_y(x, y, z) = -F_y(x, y, z), \tag{5.20}$$

$$U_z(x, y, z) = -F_z(x, y, z) \tag{5.21}$$

で，まとめると，

$$\boldsymbol{F} = -\nabla U \tag{5.22}$$

が成り立ちます．　　　　　　　　　　　　　　　　　　　　　　（解答終わり）

5.3　　ガリレイの相対性原理

　ニュートンの第1法則，つまり慣性の法則では，慣性系を定義しています．それはデカルト座標 (x, y, z) と時刻 t を組にして，(x, y, z, t) としたものを，4次元空間である時空の座標としたものです．

　慣性系は1つだけではなくて，無数にあります．慣性系どうしの座標変換のことを，広い意味ではガリレイ変換といいます．

　狭い意味での，いわゆるガリレイ変換とは，

$$\widetilde{x} = x - V_x t, \tag{5.23}$$

$$\widetilde{y} = y - V_y t, \tag{5.24}$$

$$\widetilde{z} = z - V_z t \tag{5.25}$$

であらわされるものです. ただし, V_x, V_y, V_z は定数です. これは, デカルト座標 (x, y, z) ともうひとつのデカルト座標 $(\widetilde{x}, \widetilde{y}, \widetilde{z})$ の間の関係をあたえています. $(\widetilde{x}, \widetilde{y}, \widetilde{z})$ の原点はデカルト座標系 (x, y, z) でみると, 速度 $\boldsymbol{V} = (V_x, V_y, V_z)$ で運動していることになります.

ニュートンの運動方程式

$$m\ddot{x} = F_x, \tag{5.26}$$

$$m\ddot{y} = F_y, \tag{5.27}$$

$$m\ddot{z} = F_z \tag{5.28}$$

は, 特定の慣性系に対して成り立っているのではなく, 任意の慣性系で成り立っていなければならないものです. このことをもっと別のいい方をすると, 運動方程式 (5.26), (5.27), (5.28) は, ガリレイ変換のもとで方程式の形が不変であるべきだ, となります.

具体的にはどういうことを意味しているのでしょうか. 力が関数の勾配で書けるときに, このことを確かめてみましょう.

■■■ 問題 ■■■ 物体にかかる力 $\boldsymbol{F}$ が, 関数 $U(x, y, z, t)$ によって

$$\boldsymbol{F} = -\nabla U \tag{5.29}$$

とあたえられるとき, ニュートンの運動方程式はガリレイ変換のもとで不変なことを確かめてください.

運動方程式

$$m\ddot{x}(t) = -U_x(x(t), y(t), z(t), t), \tag{5.30}$$

$$m\ddot{y}(t) = -U_y(x(t), y(t), z(t), t), \tag{5.31}$$

$$m\ddot{z}(t) = -U_z(x(t), y(t), z(t), t) \tag{5.32}$$

が，ガリレイ変換のもとでどういう形になるか計算してみればよいです．ここで，U_x, U_y, U_z は 4 変数関数 $U(x, y, z, t)$ のそれぞれ第 1，第 2，第 3 スロットに関する 1 階偏導関数です．

　ガリレイ変換

$$\widetilde{x} = x - V_x t, \tag{5.33}$$

$$\widetilde{y} = y - V_y t, \tag{5.34}$$

$$\widetilde{z} = z - V_z t \tag{5.35}$$

を考えます．新しいデカルト座標 $(\widetilde{x}, \widetilde{y}, \widetilde{z})$ では，物体の時刻 t における位置は，

$$\widetilde{x}(t) = x(t) - V_x t, \tag{5.36}$$

$$\widetilde{y}(t) = y(t) - V_y t, \tag{5.37}$$

$$\widetilde{z}(t) = z(t) - V_z t \tag{5.38}$$

となっています．これらの両辺を t で 2 度微分すると，

$$\ddot{\widetilde{x}}(t) = \ddot{x}(t), \tag{5.39}$$

$$\ddot{\widetilde{y}}(t) = \ddot{y}(t), \tag{5.40}$$

$$\ddot{\widetilde{z}}(t) = \ddot{z}(t) \tag{5.41}$$

です．これは，加速度ベクトルの成分がガリレイ変換 (5.33), (5.34), (5.35) のもとで不変だということを意味しています．

　力の成分の変換を考えてみましょう．U を時空の関数だと考えます．ガリレイ変換後の新しい慣性系での点 $(\widetilde{x}, \widetilde{y}, \widetilde{z}, t)$ と，もとの慣性系での点

$$(x, y, z, t) = (\widetilde{x} + V_x t, \widetilde{y} + V_y t, \widetilde{z} + V_z t, t) \tag{5.42}$$

が同じ時空の点をあらわしているので，

$$\widetilde{U}(\widetilde{x}, \widetilde{y}, \widetilde{z}, t) = U(\widetilde{x} + V_x t, \widetilde{y} + V_y t, \widetilde{z} + V_z t, t) \tag{5.43}$$

が，新しい慣性系における U の表現です．両辺とも $\widetilde{x}, \widetilde{y}, \widetilde{z}, t$ に関する 4 変数関数なので，$\widetilde{x}$ で偏微分すると，

$$\widetilde{U}_{\widetilde{x}}(\widetilde{x}, \widetilde{y}, \widetilde{z}, t) = U_x(\widetilde{x} + V_x t, \widetilde{y} + V_y t, \widetilde{z} + V_z t, t) \tag{5.44}$$

となります. これに,

$$(\widetilde{x}, \widetilde{y}, \widetilde{z}, t) = (\widetilde{x}(t), \widetilde{y}(t), \widetilde{z}(t), t) \tag{5.45}$$

を代入すると,

$$\widetilde{U}_{\widetilde{x}}(\widetilde{x}(t), \widetilde{y}(t), \widetilde{z}(t), t) = U_x(\widetilde{x}(t) + V_x t, \widetilde{y}(t) + V_y t, \widetilde{z}(t) + V_z t, t)$$
$$= U_x(x(t), y(t), z(t), t) \tag{5.46}$$

となります. 同様に,

$$\widetilde{U}_{\widetilde{y}}(\widetilde{x}(t), \widetilde{y}(t), \widetilde{z}(t), t) = U_y(x(t), y(t), z(t), t), \tag{5.47}$$

$$\widetilde{U}_{\widetilde{z}}(\widetilde{x}(t), \widetilde{y}(t), \widetilde{z}(t), t) = U_z(x(t), y(t), z(t), t) \tag{5.48}$$

です. 式変形は簡単ですが, 何をやったことになっているのかを理解するのが, 難しいと思います.

　以上より,

$$m\ddot{\widetilde{x}}(t) = -\widetilde{U}_{\widetilde{x}}(\widetilde{x}(t), \widetilde{y}(t), \widetilde{z}(t), t), \tag{5.49}$$

$$m\ddot{\widetilde{y}}(t) = -\widetilde{U}_{\widetilde{y}}(\widetilde{x}(t), \widetilde{y}(t), \widetilde{z}(t), t), \tag{5.50}$$

$$m\ddot{\widetilde{z}}(t) = -\widetilde{U}_{\widetilde{z}}(\widetilde{x}(t), \widetilde{y}(t), \widetilde{z}(t), t) \tag{5.51}$$

が, (5.30), (5.31), (5.32) と同等で, 新しい慣性系における運動方程式になっていることが示されました. この意味で, ガリレイ変換のもとで, 運動方程式の形は不変だといいます. （解答終わり）

　広い意味のガリレイ変換には, 空間の原点をとりかえるだけの変換と, デカルト座標の座標軸を別の方向を向いているものにとりかえる空間回転が含まれます. それら広い意味でのガリレイ変換に対しても, ニュートンの運動方程式の形は不変になっています.

　ガリレイ変換で運動方程式の形が不変だということは, 力学の法則が, 慣性系のとりかたによらないことを意味します. このことをガリレイの相対性原理

といいます．ニュートン力学には，ガリレイの相対性原理が組み込まれている
ということになります．

5.4　　運動量の保存

　ニュートンの第3法則，別名，作用・反作用の法則は，2つの物体が力を及
ぼしあうとき，それぞれの受ける力は，大きさが等しくて，互いに向きが逆に
なるということをいっています．特に，2つの物体が衝突するとき，衝突前後
で運動量の和が保存することを意味します．

> ■問題■　自由空間に，つまり外場の働かない空間に2つの物体があると
> き，運動量の和が保存することを示してください．

　物体は質点として扱います．質点1の質量を m_1，質点2の質量を m_2 としま
す．それぞれの位置を $\boldsymbol{x}_1$，$\boldsymbol{x}_2$ とし，質点1が質点2から受ける力を $\boldsymbol{F}$ とあら
わすと，運動方程式は，

$$m_1\ddot{\boldsymbol{x}}_1 = \boldsymbol{F}, \tag{5.52}$$

$$m_2\ddot{\boldsymbol{x}}_2 = -\boldsymbol{F} \tag{5.53}$$

となります．$\boldsymbol{F}$ は時間とともに変化するでしょうが，具体的な形は必要ありま
せん．辺々の和をとると，

$$m_1\ddot{\boldsymbol{x}}_1 + m_2\ddot{\boldsymbol{x}}_2 = \frac{d}{dt}(m_1\dot{\boldsymbol{x}}_1 + m_2\dot{\boldsymbol{x}}_2) = \boldsymbol{0} \tag{5.54}$$

となります．これは，2つの質点の運動量の和 $m_1\dot{\boldsymbol{x}}_1 + m_2\dot{\boldsymbol{x}}_2$ が時間的に一定
であることをあらわしています．　　　　　　　　　　　　　　（解答終わり）

　今，自由空間を考えましたが，重力のある地上ではどうでしょうか．質点の
斜方投射の場合，運動量の水平方向の成分は保存するのに，鉛直方向の成分は

保存しません．運動量保存則といいながら，保存したり保存しなかったりして戸惑ったのではないでしょうか．

　本当は，運動量は保存しています．地上でボールを投げるとき，自由空間に地球とボールの2つの物体があると考えれば，運動量の和は保存します．運動量が保存しないように見えるのは，ボールの運動量だけに目がいって，地球の運動量が変化しているのを考慮に入れなかったからにすぎません．

　今，2つの質点について考えましたが，自由空間にいくつかの質点があるとき，系の全体を考えればいつでも保存しています．

5.5　角運動量の保存

　ニュートンの第3法則には，作用・反作用の法則よりも強い形のものもあります．それは，2つの質点が力を及ぼしあうとき，それらの間に働く力は，質点を結ぶ直線に平行だというものです．正式ないい方ではありませんが，この節でだけ「強い形の第3法則」とよぶことにします．

> ■問題■　自由空間に2つの質点があり，強い形の第3法則にしたがうとき，質点の角運動量の和が保存することを示してください．

　質量 m の質点に対し，角運動量は，

$$\boldsymbol{J} = m\boldsymbol{x} \times \dot{\boldsymbol{x}} \tag{5.55}$$

と定義されます．

　今，自由空間に質点1と質点2があり，それぞれの質量を m_1, m_2，位置を $\boldsymbol{x}_1$, $\boldsymbol{x}_2$ としましょう．質点2が質点1に及ぼす力は，質点どうしを結ぶ直線に平行なことから，

$$\boldsymbol{F} = f \times (\boldsymbol{x}_1 - \boldsymbol{x}_2) \tag{5.56}$$

と書けます．f の絶対値は力の大きさを質点間の距離で除したものに等しく，

引力なら正，斥力なら負となりますが，今の議論では詳細は必要ありません．

運動方程式は，

$$m_1\ddot{\boldsymbol{x}}_1 = f(\boldsymbol{x}_1 - \boldsymbol{x}_2), \tag{5.57}$$

$$m_2\ddot{\boldsymbol{x}}_2 = -f(\boldsymbol{x}_1 - \boldsymbol{x}_2) \tag{5.58}$$

となります．

質点 1, 2 の角運動量は，それぞれ

$$\boldsymbol{J}_1 = m_1(\boldsymbol{x}_1 \times \dot{\boldsymbol{x}}_1), \tag{5.59}$$

$$\boldsymbol{J}_2 = m_2(\boldsymbol{x}_2 \times \dot{\boldsymbol{x}}_2) \tag{5.60}$$

です．時間微分すると，

$$\dot{\boldsymbol{J}}_1 = m_1(\boldsymbol{x}_1 \times \ddot{\boldsymbol{x}}_1), \tag{5.61}$$

$$\dot{\boldsymbol{J}}_2 = m_2(\boldsymbol{x}_2 \times \ddot{\boldsymbol{x}}_2) \tag{5.62}$$

となります．運動方程式 (5.57), (5.58) を代入すると，

$$\dot{\boldsymbol{J}}_1 = f[\boldsymbol{x}_1 \times (\boldsymbol{x}_1 - \boldsymbol{x}_2)], \tag{5.63}$$

$$\dot{\boldsymbol{J}}_2 = -f[\boldsymbol{x}_2 \times (\boldsymbol{x}_1 - \boldsymbol{x}_2)] \tag{5.64}$$

となります．辺々の和をとると，

$$\frac{d}{dt}(\boldsymbol{J}_1 + \boldsymbol{J}_2) = f(\boldsymbol{x}_1 - \boldsymbol{x}_2) \times (\boldsymbol{x}_1 - \boldsymbol{x}_2) = \boldsymbol{0} \tag{5.65}$$

となります．したがって，角運動量の和 $\boldsymbol{J}_1 + \boldsymbol{J}_2$ は保存します．（解答終わり）

今，2つの質点で考えましたが，自由空間にいくつかの質点の系があるとき，系全体の角運動量はいつでも保存します．このことを保証するのが，強い形の第3法則です．

第 6 章

振動

6.1 連成振動

ばねの運動は正弦関数であらわされ，その運動を単振動といいますが，連成振動の場合，つまりいくつかのばねが連なっているとき，運動は少し複雑になります．複雑といっても，いくつかの異なる振動数の単振動の和であらわすことができます．その振動数というのは，固有振動数といって，その系に特徴的な振動数です．固有振動数で振動する，系の基本的な振動を振動モードといいます．それらがどのようなものか，みてみましょう．

■問題■ 図6.1 のように，固定壁にはさまれた線分上を運動する2つの物体がばねでお互いにつながれている状況を考えます．また，それぞれの物体と壁もばねでつながれています．左側のばねから，ばね定数をそれぞれ k_1, k_2, k_3 とし，物体の質量を左から m_1, m_2 とします．物体はどのような運動を行うでしょうか．

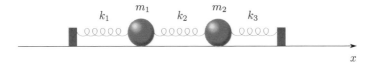

図 6.1 連成振動.

2つの物体がつり合いの位置にあるとき，ばねは自然長にある必要はありません．左の物体の位置を，つり合いの位置からのずれ x_1 であらわします．同様に，右の物体のつり合いの位置からのずれを x_2 とします．運動方程式は，

$$m_1 \ddot{x}_1 = -k_1 x_1 + k_2 (x_2 - x_1), \tag{6.1}$$

$$m_2 \ddot{x}_2 = -k_2 (x_2 - x_1) - k_3 x_2 \tag{6.2}$$

です.

$$p := \frac{k_1 + k_2}{m_1}, \tag{6.3}$$

$$q := \frac{k_2}{m_1}, \tag{6.4}$$

$$r := \frac{k_2}{m_2}, \tag{6.5}$$

$$s := \frac{k_2 + k_3}{m_2} \tag{6.6}$$

とすると,

$$\ddot{x}_1 = -p x_1 + q x_2, \tag{6.7}$$

$$\ddot{x}_2 = r x_1 - s x_2 \tag{6.8}$$

です.

　各項は, x_1 または x_2 に比例しています. そのような 2 つの式が連立になっています. ただし, それぞれは x_1, x_2 だけで閉じている方程式ではなくて, お互いに影響を及ぼしあっています.

　このタイプのものは, x_1 と x_2 の適当な線型結合をとると, それだけで閉じた方程式になります. そこで, $x_1 + A x_2$ に対する方程式を書いてみると,

$$\ddot{x}_1 + A \ddot{x}_2 = (-p + Ar) \left(x_1 + \frac{q - As}{-p + Ar} x_2 \right) \tag{6.9}$$

となります.

$$\frac{q - As}{-p + Ar} = A \tag{6.10}$$

となればよいので,

$$A = A_\pm := \frac{p - s}{2r} \pm \frac{\sqrt{(p - s)^2 + 4qr}}{2r} \tag{6.11}$$

ととります. A というのは, こちらが自由に選んでよいものだということを思

い出しましょう.

このとき,

$$\ddot{x}_1 + A_\pm \ddot{x}_2 = -(\Omega_\pm)^2 (x_1 + A_\pm x_2) \tag{6.12}$$

となります. ただし,

$$\Omega_\pm := \sqrt{p - A_\pm r}$$
$$= \sqrt{\frac{p+s}{2} \mp \frac{\sqrt{(p-s)^2 + 4qr}}{2}} \tag{6.13}$$

です. この2つが, この系の固有振動数です.

運動方程式の解は, $B_\pm$, $t_\pm$ を実の積分定数として,

$$x_1 + A_+ x_2 = B_+ \sin \Omega_+(t - t_+), \tag{6.14}$$

$$x_1 + A_- x_2 = B_- \sin \Omega_-(t - t_-) \tag{6.15}$$

ですので, あとは, これを x_1, x_2 について解けば出てきます. 角振動数 $\Omega_\pm$ の2つの振動モードの重ね合わせになっています.

例えば, $m_1 = m_2 = m$, $k_1 = k_3 = k$, $k_2 = ak$ のとき,

$$A_+ = 1, \tag{6.16}$$

$$A_- = -1, \tag{6.17}$$

$$\Omega_+ = \sqrt{\frac{k}{m}}, \tag{6.18}$$

$$\Omega_- = \sqrt{\frac{(1+2a)k}{m}} \tag{6.19}$$

です. したがって, 2つの振動モードは,

$$x_1 + x_2 = B_+ \sin \sqrt{\frac{k}{m}}(t - t_+), \tag{6.20}$$

$$x_1 - x_2 = B_- \sin \sqrt{\frac{(1+2a)k}{m}}(t - t_-) \tag{6.21}$$

となります. B_+ モードは, $B_- = 0$ の解のことで, 2つの物体が平行移動しながら角振動数 $\sqrt{k/m}$ で振動するモードです. B_- モードは, $B_+ = 0$ で, 角振

動数 $\sqrt{(1+2a)k/m}$ で近づいたり遠ざかったりしながら振動するモードです.

（解答終わり）

6.2　減衰振動

　理想的なばねは，永遠に振動し続けますが，実際には，空気抵抗やばね内部の摩擦によって振動は減衰していきます.　ここでは，ばねが粘性抵抗を受ける場合の減衰のしかたをみてみましょう.　抵抗の大きさによって，減衰の様子が定性的に変わります.

> **■問題■**　**運動方程式**
>
> $$m\ddot{x} = -kx - c\dot{x}, \qquad (m, k, c > 0) \tag{6.22}$$
>
> を考えてみましょう.　単振動の運動方程式に，$\dot{x}$ に比例する項がくっついています.　この項は速度に比例した抵抗力をあらわしています.　この系はどのような運動を行うでしょうか.

　運動方程式を

$$\ddot{x} + 2\kappa\dot{x} + \omega^2 x = 0, \tag{6.23}$$

$$\omega := \sqrt{\frac{k}{m}}, \tag{6.24}$$

$$\kappa := \frac{c}{2m} \tag{6.25}$$

と書き換えておきます.

　方程式は，各項が x に比例しています.　x, y を運動方程式の解だとすると，複素化した $z(t) = x(t) + iy(t)$ も運動方程式をみたしていることに注意しましょう.　また，複素数値関数 $z(t)$ に対して運動方程式を解けば，$z(t)$ の実部も虚部も解になっています.

α, β を複素の定数として,

$$z(t) = \alpha e^{\beta t} \tag{6.26}$$

という形の解を探します. 運動方程式は,

$$\beta^2 + 2\kappa\beta + \omega^2 = 0 \tag{6.27}$$

という, β に対する 2 次方程式になります. 簡単に解けて,

$$\beta = \beta_\pm := -\kappa \pm \sqrt{\kappa^2 - \omega^2} \tag{6.28}$$

です.

　運動方程式は 2 階微分方程式なので, 2 回積分したものが解です. 積分 1 回ごとに積分定数が 1 つあらわれるので, 2 つの実の積分定数をもつものが一般解です. 具体的には, 運動方程式の独立な実の解が 2 つえられて, 一般解は, その 2 つの解の実線型結合になります.

　今の場合, κ の大きさによって解の振る舞いが定性的に違ってきます.

● $\kappa > \omega$ のとき:

　$\beta_\pm$ はともに負の実数で, $\beta_- < \beta_+ < 0$ となっています. 一般解は,

$$x(t) = A\exp\left[-\left(\kappa - \sqrt{\kappa^2 - \omega^2}\right)t\right] + B\exp\left[-\left(\kappa + \sqrt{\kappa^2 - \omega^2}\right)t\right] \tag{6.29}$$

です. A モード ($B = 0$ とした解) は遅い減衰, B モード ($A = 0$ とした解) は速い減衰です.

● $\kappa = \omega$ のとき:

　$\beta = -\omega$ という重解になります. 運動方程式の独立な解が 1 つしかえられなくて, このままだと困りますが, こういうときは, $z(t) = \alpha(t)e^{-\omega t}$ を運動方程式に代入してみます. つまり, $z(t)$ のかわりに $\alpha(t)$ の微分方程式を考えることになります. すると,

$$\ddot{\alpha}e^{-\omega t} = 0 \tag{6.30}$$

となります. これから, $\alpha(t)$ は t の 1 次式であればよくて, 一般解が

$$x(t) = (A + Bt)e^{-\omega t} \tag{6.31}$$

と求まります.

- $\kappa < \omega$ のとき：

  β は複素数になり，

$$\beta_\pm = -\kappa \pm i\sqrt{\omega^2 - \kappa^2} \tag{6.32}$$

であたえられます．運動方程式の解は

$$z(t) = e^{-\kappa t}\left[\alpha_+ \exp\left(i\Omega t\right) + \alpha_- \exp\left(-i\Omega t\right)\right], \tag{6.33}$$

$$\Omega := \sqrt{\omega^2 - \kappa^2} \tag{6.34}$$

ですが，実部をとると，A, t_0 を実の定数として

$$x(t) = Ae^{-\kappa t}\sin\left[\Omega(t - t_0)\right] \tag{6.35}$$

という形になります．これは，単振動に減衰因子 $e^{-\kappa t}$ がかかったもので，減衰振動という運動です． （解答終わり）

6.3　強制振動

単振動に周期的に変動する外力を加えたらどうなるでしょうか．ブランコを漕ぐことを，単純化すると次の問題のようなモデルになります．ブランコの振幅を大きくするには，足に力を入れるリズムを調節すればよいことは経験的に知っていると思います.

■問題■ 運動方程式

$$m\ddot{x} = -kx + \widetilde{f}(t) \tag{6.36}$$

を考えましょう．単振動の運動方程式に，余計な項 $\widetilde{f}(t)$ がくっついています．この項は，外力の影響をあらわしています．この項がなければ，運動方程式は x の1次の項ばかり，つまり斉次なので，$\widetilde{f}(t)$ を非斉次項といいます．非斉次項が正弦関数 $\sin(\omega_0 t)$ に比例するとき，運動方程式の解はどのようにあらわされるでしょうか.

$\widetilde{f}(t)$ は問題ごとにあたえられるものですが，しばらく一般にしておきます．
$\omega = \sqrt{k/m}$, $f(t) = \widetilde{f}(t)/m$ として

$$\ddot{x} + \omega^2 x = f(t) \tag{6.37}$$

と書き直しておきます．このような非斉次な方程式の解は単純に重ね合わせが
できません．つまり，x_1, x_2 が解だとしても，$x_1 + x_2$ や Ax_1 が解にはなりま
せん．しかし，x_1 が方程式の解で，x_2 が $f(t) = 0$ とおいた斉次方程式

$$\ddot{x} + \omega^2 x = 0 \tag{6.38}$$

の解なら，$x_1 + x_2$ は解になっています．斉次方程式の解はただの単振動の解
のことなので，非斉次方程式の解が1つでもあれば，一般解がつくれます．非
斉次方程式の，どれでもいいので，とりあえず1つ見つかった解を，特殊解と
いいます．非斉次方程式の一般解は，特殊解に斉次方程式の一般解を重ね合わ
せたものであたえられます．
　よくある例として，外力が単振動の場合

$$f(t) = a\sin(\omega_0 t) \tag{6.39}$$

を考えましょう．非斉次方程式

$$\ddot{x} + \omega^2 x = a\sin(\omega_0 t) \tag{6.40}$$

の解を1つ見つければよいわけです．候補として有力なのは

$$x = b\sin(\omega_0 t) \tag{6.41}$$

です．非斉次方程式に代入すると，代数方程式

$$\left[\omega^2 - (\omega_0)^2\right] b = a \tag{6.42}$$

がえられます．$\omega_0 \neq \omega$ なら b が決まって，特殊解は

$$x = \frac{a}{\omega^2 - (\omega_0)^2}\sin(\omega_0 t) \tag{6.43}$$

と求まります．したがって，一般解は積分定数を A, t_0 として，

$$x = \frac{a}{\omega^2 - (\omega_0)^2} \sin(\omega_0 t) + A \sin\left[\omega(t - t_0)\right] \tag{6.44}$$

です.

　しかし，たまたま $\omega_0 = \omega$ だったとすると，この解には意味がなくなります.
この場合は，別に扱う必要があります. $\omega_0 = \omega$ として，非斉次方程式

$$\ddot{x} + \omega^2 x = a \sin(\omega t) \tag{6.45}$$

をもう一度ながめてみましょう. 解が $\sin(\omega t)$ を使って書けそうなので，例え
ば $x(t) = g(t)\sin(\omega t)$ と仮定してみるのがよさそうです. こうすると，

$$\ddot{g}\sin(\omega t) + 2\omega\dot{g}\cos(\omega t) = a\sin(\omega t) \tag{6.46}$$

となります. 惜しいですが，サインとコサインの両方の項を消すのは難しそう
です. そこで，少し反省して

$$x(t) = g(t)\sin(\omega t) + h(t)\cos(\omega t) \tag{6.47}$$

ならどうでしょうか. これを代入すると，

$$(\ddot{g} - 2\omega\dot{h})\sin(\omega t) + (\ddot{h} + 2\omega\dot{g})\cos(\omega t) = a\sin(\omega t) \tag{6.48}$$

となります. これの解を 1 つ見つけるのは簡単で，

$$g(t) = 0, \tag{6.49}$$

$$h(t) = -\frac{a}{2\omega}t \tag{6.50}$$

とすればよいです. これで特殊解が見つかりました. もちろん，別の特殊解で
もよかったです. とにかく 1 つ求まればよかったのですから. したがって，一
般解は

$$x(t) = A\sin(\omega t) + \left(B - \frac{a}{2\omega}t\right)\cos(\omega t) \tag{6.51}$$

です. 振幅が t の 1 次で増加する振動です. 角周波数 ω のばねに，同じ角周波
数の外力が加わると，振幅が増大し続けることを意味しています. このような
現象を共鳴といいます. 　　　　　　　　　　　　　　　　　　（解答終わり）

6.4 等時的ポテンシャル

　次は，少し変わった問題を．質点の受ける力が，ポテンシャル関数 U の勾配に比例しているとき，つまり保存力のときを考えます．放物運動も単振動も保存力のもとでの運動なのでした．ここでは，1次元の保存力のもとでの振動運動を考えます．振動の周期が，振幅によらないとき等時的だといいます．例えば，単振動は等時的です．振り子の運動が，振幅が小さいときにほぼ等時的になるのは単振動で近似できるからです．その他に等時的になるものも知られていますが，探すのは難しそうです．どういうことになっているのか，みてみましょう．

> ■問題■　質量 m の物体が保存力場のもとで1次元運動をしています．位置エネルギーはポテンシャル関数 $U(x)$ であたえられるとします．$U(x)$ は x の解析的な偶関数，$x \geq 0$ では x の増加関数だとします．
> 　物体は周期的な振動をします．さて，振動の周期が振幅によらないようなポテンシャル関数 $U(x)$ はどのようなものがあるでしょうか．

　単振動は

$$U(x) = \frac{k}{2}x^2 \tag{6.52}$$

の場合で，周期は

$$T = 2\pi\sqrt{\frac{m}{k}} \tag{6.53}$$

と振幅によりません．問題はこれ以外にあるかどうかです．

　位置エネルギーの原点を $x = 0$ にとります．振幅を A とすると，力学的エネルギーの保存則は，

$$U(A) = \frac{m(\dot{x})^2}{2} + U(x) \tag{6.54}$$

です．これは，

$$\frac{dx}{dt} = \sqrt{\frac{2[U(A) - U(x)]}{m}} \tag{6.55}$$

をあたえます．$x = 0$ から $x = A$ までの運動が周期 T の $1/4$ ですから，

$$T = 4 \int_0^A \sqrt{\frac{m}{2[U(A) - U(x)]}} dx \tag{6.56}$$

が周期です．積分変数を $x = As$ と置き換えて，

$$T = \sqrt{8m} \int_0^1 \frac{A ds}{\sqrt{U(A) - U(As)}} \tag{6.57}$$

と書き直せます．周期 T を $T = T(A)$ と考えると，

$$\begin{aligned}
\frac{dT}{dA} &= \sqrt{8m} \int_0^1 \frac{d}{dA} \left[\frac{A}{\sqrt{U(A) - U(As)}} \right] ds \\
&= \sqrt{2m} \int_0^1 \frac{2U(A) - 2U(As) - AU'(A) + AsU'(As)}{[U(A) - U(As)]^{3/2}} ds
\end{aligned} \tag{6.58}$$

ですが，T は A によらないとしているので，上の積分はゼロです．したがって，

$$g(x) := 2U(x) - xU'(x) \tag{6.59}$$

とすると，

$$\frac{dT}{dA} = \sqrt{2m} \int_0^1 \frac{g(A) - g(As)}{[U(A) - U(As)]^{3/2}} ds = 0 \tag{6.60}$$

が任意の $A > 0$ で成り立ちます．被積分関数は A と s の2変数関数ですが，正の値も負の値もとるかもしれないので，単純に被積分関数をゼロだと結論するのはまだ早いです．

$g(x)$ は，$g(0) = 0$ をみたす x の解析関数です．$g(x)$ は，$x \geq 0$ で恒等的にはゼロでないとしましょう．$g(x)$ の解析性から，$0 \leq x \leq a$ では $g(x)$ が単調関数で，$g(a) \neq 0$ となるような正数 a がとれます．そのような，$A = a$ に対して

$$\left. \frac{dT}{dA} \right|_{A=a} = \sqrt{2m} \int_0^1 \frac{g(a) - g(as)}{[U(a) - U(as)]^{3/2}} ds \neq 0 \tag{6.61}$$

です．被積分関数は符号が一定でゼロではないからです．

したがって，周期が振幅によらないためには，$g(x)$ は，$x \geq 0$ で恒等的にゼロとなるしかありません．つまり，

$$g(x) = 2U(x) - xU'(x) = 0 \tag{6.62}$$

です．これから，$k > 0$ を定数として

$$U(x) = \frac{k}{2}x^2 \tag{6.63}$$

でなければなりません．   （解答終わり）

$U(x)$ は $x = 0$ に関して対称で，$x \geq 0$ では単調増加な解析関数だという仮定をおいていることに注意してください．エネルギーによらず周期が一定な運動をもたらすポテンシャル関数は等時的ポテンシャルといいますが，これらの仮定を外すと，単振動以外にもたくさんあります．

第 7 章

重力

　太陽系ではいくつかの惑星が太陽のまわりを運動しています．太陽だけが桁違いに質量が大きいので，各惑星に働く重力は，太陽によるものだけだと近似できます．例えば，地球の公転運動を求めるとき，太陽と地球だけがある問題，2体問題を考えます．

　2体問題は，手で解くことのできる数少ない問題のひとつで，それが天体の運動を支配しているのですから，私たちにとってはラッキーだというしかないでしょう．2体問題の結果は，ケプラーの3法則としてまとめることができます．

7.1　　2体問題

　2体問題の運動方程式をたててみましょう．2体問題は1体問題に帰着できることをみます．

　■問題■　宇宙空間に質量 M の恒星があり，そのまわりを質量 m の惑星がまわっています．この系の運動方程式をあたえてください．

　2体問題の定式化です．一般的に手で解けるのは惑星が1つの場合のみですので，解法をマスターしておきましょう．

　惑星の位置ベクトルを $\boldsymbol{x}_1$，恒星の位置ベクトルを $\boldsymbol{x}_2$ としておきます．惑星は，恒星から重力で引っ張られています．それを $\boldsymbol{F}$ としましょう．すると，惑星の運動方程式は

$$m\ddot{\boldsymbol{x}}_1 = \boldsymbol{F} \tag{7.1}$$

です.

作用・反作用の法則によって,恒星は大きさが同じで逆方向の力を受けるので,

$$M\ddot{\boldsymbol{x}}_2 = -\boldsymbol{F} \tag{7.2}$$

です.恒星は「動かない星」という意味ですが,実際には惑星に引っ張られて少しだけ動くことになります.

[(7.1)+(7.2)] より,

$$m\ddot{\boldsymbol{x}}_1 + M\ddot{\boldsymbol{x}}_2 = \boldsymbol{0} \tag{7.3}$$

となります.これから,この系の重心

$$\boldsymbol{x}_c := \frac{m\boldsymbol{x}_1 + M\boldsymbol{x}_2}{m + M} \tag{7.4}$$

が等速直線運動をすること,つまり,$\boldsymbol{V}$ と $\boldsymbol{X}_0$ を定数ベクトルとして,

$$\boldsymbol{x}_c(t) = \boldsymbol{V}t + \boldsymbol{X}_0 \tag{7.5}$$

となることがわかります.$\boldsymbol{V}$ は重心の速度,$\boldsymbol{X}_0$ は重心の初期位置で,慣性系のとりかたに依存する定数です.適当な慣性系をとることにより,どちらもゼロベクトルにとれて,$\boldsymbol{x}_c(t) = \boldsymbol{0}$ とすることができます.もともと6個だった運動方程式のうち,3個は解けたことになります.解けたというか,慣性系の選択の自由度に帰着できました.

残りの3個は,[$M\times$(7.1)$-m\times$(7.2)] より,

$$Mm(\ddot{\boldsymbol{x}}_1 - \ddot{\boldsymbol{x}}_2) = (M + m)\boldsymbol{F} \tag{7.6}$$

です.あるいは,恒星に関する惑星の相対位置

$$\boldsymbol{x} := \boldsymbol{x}_1 - \boldsymbol{x}_2 \tag{7.7}$$

を用いて

$$\mu\ddot{\boldsymbol{x}} = \boldsymbol{F} \tag{7.8}$$

です.ただし,

$$\mu := \frac{Mm}{M+m} \tag{7.9}$$

は換算質量といいます．形式的に質量 μ の 1 体問題に帰着しました．以下では，2 体問題だったことを忘れて，1 つの物体の運動を考えることになります．ここまでは，2 つの物体からなる外場のない系の一般的な話です．

　万有引力の法則によると，

$$\boldsymbol{F} = -\frac{GMm}{\|\boldsymbol{x}\|^2}\boldsymbol{n} \tag{7.10}$$

です．ただし，G はニュートンの重力定数です．$\boldsymbol{n}$ は恒星からみて惑星の方向を向いている単位ベクトルで，具体的には

$$\boldsymbol{n} = \frac{\boldsymbol{x}}{\|\boldsymbol{x}\|} \tag{7.11}$$

です．力はいつも空間の原点に向いています．物体の位置ベクトル $\boldsymbol{x}$ と速度ベクトル $\dot{\boldsymbol{x}}$ は一般に平面を張ります．その平面を P とよぶことにすると，$(\boldsymbol{x}, \dot{\boldsymbol{x}})$ の「速度」である $(\dot{\boldsymbol{x}}, \ddot{\boldsymbol{x}})$ は常にその平面 P に接することになりますから，P は時間的に変化しません．つまり，物体の運動は原点を通る平面 P 上に制限されます．その平面 P を xy-平面にとると，運動方程式は

$$\mu\ddot{x} = -\frac{GMmx}{(x^2+y^2)^{3/2}}, \tag{7.12}$$

$$\mu\ddot{y} = -\frac{GMmy}{(x^2+y^2)^{3/2}} \tag{7.13}$$

の 2 個になります．3 個あった運動方程式のうち，1 個は $z=0$ によって解けたことになっています．いいかえると，重心を固定する条件のもとでの慣性系の選択の自由度を使って，先程まで 3 個だった運動方程式のうち 1 個が消せたことになります．

　結局，慣性系を上手に選択すると，2 体問題の運動方程式は相対位置 $\boldsymbol{x} = (x, y, 0)$ に対する (7.12), (7.13) だけになります．重心は $\boldsymbol{x}_c = \boldsymbol{0}$ としているので，惑星の位置 $\boldsymbol{x}_1$ と恒星の位置 $\boldsymbol{x}_2$ は，

$$\boldsymbol{x}_1 = \boldsymbol{x}_c + \frac{M}{m+M}\boldsymbol{x} = \frac{M}{m+M}\boldsymbol{x}, \tag{7.14}$$

$$\boldsymbol{x}_2 = \boldsymbol{x}_c - \frac{m}{m+M}\boldsymbol{x} = -\frac{m}{m+M}\boldsymbol{x} \tag{7.15}$$

のように x を用いてあらわすことができます. （解答終わり）

7.2 運動方程式

運動方程式 (7.12), (7.13) はかなり簡単になっていますが，まだ x, y について独立に解けるようにはなっていません．極座標を用いると，運動方程式はさらに簡単になります.

> ■問題■ 2体問題は，1次元の運動に帰着します．どのような運動方程式になるでしょうか.

2体問題の運動方程式は，結局1つの物体の xy-平面上での運動に関する2つの連立方程式になったのですが，力学変数 $x(t)$ と $y(t)$ が互いに混ざったものになっています．そこで，

$$x = r \cos \phi, \tag{7.16}$$

$$y = r \sin \phi \tag{7.17}$$

として，(x, y) のかわりに (r, ϕ) で位置をあらわすことにしましょう．逆変換は

$$r = \sqrt{x^2 + y^2}, \tag{7.18}$$

$$\tan \phi = \frac{y}{x} \tag{7.19}$$

です．(r, ϕ) は xy-平面上の極座標といいます．力学変数は $r(t)$ と $\phi(t)$ になり，もちろん

$$x(t) = r(t) \cos[\phi(t)], \tag{7.20}$$

$$y(t) = r(t) \sin[\phi(t)] \tag{7.21}$$

という関係があります．これらを t で微分すると

$$\dot{x} = \dot{r} \cos \phi - r\dot{\phi} \sin \phi, \tag{7.22}$$

$$\dot{y} = \dot{r}\sin\phi + r\dot{\phi}\cos\phi \tag{7.23}$$

となります. さらに微分すると,

$$\ddot{x} = \left[\ddot{r} - r(\dot{\phi})^2\right]\cos\phi - \left(r\ddot{\phi} + 2\dot{r}\dot{\phi}\right)\sin\phi, \tag{7.24}$$

$$\ddot{y} = \left[\ddot{r} - r(\dot{\phi})^2\right]\sin\phi + \left(r\ddot{\phi} + 2\dot{r}\dot{\phi}\right)\cos\phi \tag{7.25}$$

となります.

運動方程式 (7.12), (7.13) は,

$$\ddot{x} = -\frac{\alpha}{r^2}\cos\phi, \tag{7.26}$$

$$\ddot{y} = -\frac{\alpha}{r^2}\sin\phi \tag{7.27}$$

と書けます. ただし,

$$\alpha = \frac{GMm}{\mu} = G(M + m) \tag{7.28}$$

です. このことから, 運動方程式は

$$A\cos\phi - B\sin\phi = 0, \tag{7.29}$$

$$A\sin\phi + B\cos\phi = 0 \tag{7.30}$$

という形になります. ただし,

$$A := \ddot{r} - r(\dot{\phi})^2 + \frac{\alpha}{r^2}, \tag{7.31}$$

$$B := r\ddot{\phi} + 2\dot{r}\dot{\phi} \tag{7.32}$$

です. そうすると, 運動方程式 (7.29) と (7.30) は, A と B に関する互いに独立な 1 次式なので A も B もゼロでなければなりません. 結局, 極座標 (r, ϕ) であらわした運動方程式は,

$$A = \ddot{r} - r(\dot{\phi})^2 + \frac{\alpha}{r^2} = 0, \tag{7.33}$$

$$B = r\ddot{\phi} + 2\dot{r}\dot{\phi} = 0 \tag{7.34}$$

となります.

方程式 (7.34) の方は,

$$B = \frac{1}{r}\frac{d}{dt}(r^2\dot{\phi}) = 0 \tag{7.35}$$

と変形できるので，積分できて

$$r^2\dot{\phi} = C \tag{7.36}$$

となります．ただし C は定数です．

xy-平面を運動する，質量 μ の物体の角運動量は

$$J = \mu(x\dot{y} - y\dot{x}) \tag{7.37}$$

と定義されますが，極座標では

$$J = \mu r^2\dot{\phi} \tag{7.38}$$

となります．したがって，(7.36) より角運動量 J は運動の保存量だということが確かめられます．また重心を原点として，もともとの惑星の位置を $(x_1, y_1, 0)$，恒星の位置を $(x_2, y_2, 0)$ とするとき，J はそれぞれの角運動量の和にも一致していて，

$$J = m(x_1\dot{y}_1 - y_1\dot{x}_1) + M(x_2\dot{y}_2 - y_2\dot{x}_2) \tag{7.39}$$

となっています．

さて，$\dot{\phi} = J/(\mu r^2)$ を (7.33) に代入すると，

$$\ddot{r} - \frac{J^2}{\mu^2 r^3} + \frac{\alpha}{r^2} = 0 \tag{7.40}$$

となります．こうして 1 次元運動の問題に帰着しました．　　（解答終わり）

7.3　運動可能領域

　1 次元の運動の定性的な振る舞いは，エネルギーの保存則を考えるとわかりやすいです．ここでは，エネルギーの値によって運動可能領域が定性的に異なることをみてみます．

> **■問題■** 運動方程式 (7.40) にしたがう系の，運動可能領域を調べてく
> ださい．

2体問題は手で解けるのですが，その前に運動方程式 (7.40) からわかる運動
の性質を捉えておきましょう．
両辺に $\dot{r}$ をかけると，

$$\dot{r}\ddot{r} + \dot{r}\left(-\frac{J^2}{\mu^2 r^3} + \frac{\alpha}{r^2}\right) = 0 \tag{7.41}$$

となります．これは，

$$\frac{d}{dt}\left[\frac{\mu(\dot{r})^2}{2} + \frac{J^2}{2\mu r^2} - \frac{\alpha\mu}{r}\right] = 0 \tag{7.42}$$

と変形できますので，積分できて

$$\frac{\mu(\dot{r})^2}{2} + \frac{J^2}{2\mu r^2} - \frac{\alpha\mu}{r} = E \tag{7.43}$$

となります．E はエネルギーで，これはエネルギー保存則をあらわしています．
左辺の第1項は運動エネルギー

$$K = \frac{\mu(\dot{r})^2}{2}, \tag{7.44}$$

左辺の残りは位置エネルギー

$$U = \frac{J^2}{2\mu r^2} - \frac{\alpha\mu}{r} \tag{7.45}$$

とみなせます．ただし，K は1体問題とみたときの運動エネルギーで，惑星と
恒星の運動エネルギーの和にはなっていません．
$U(r)$ は $r > 0$ で定義されていて，$J \neq 0$ のとき，$r \to 0$ で正の無限大に発散
していて，$r \to \infty$ では $-\alpha\mu/r$ に漸近します．また，$J \neq 0$ のとき，$U(r)$ は
$r = J^2/(\alpha\mu^2)$ で最小値

$$E_{\min} = -\frac{\alpha^2\mu^3}{2J^2} \tag{7.46}$$

をとります．

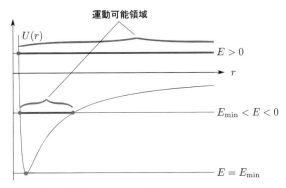

図 7.1 エネルギー E の値によって，運動可能領域が決まる．

運動エネルギー K は非負の量です．したがって，

$$K = E - U \geq 0 \tag{7.47}$$

です．この条件は，r の運動可能領域をあたえ，$J \neq 0$ のときは以下のようにまとめられます．

- $E = E_{\min}$：運動可能領域は 1 点のみで，

$$r = \frac{J^2}{\alpha\mu^2} \tag{7.48}$$

と一定値をとる．

- $E_{\min} < E < 0$：運動可能領域は

$$\frac{\alpha\mu^2 - \sqrt{2\mu J^2(E - E_{\min})}}{2\mu|E|} \leq r \leq \frac{\alpha\mu^2 + \sqrt{2\mu J^2(E - E_{\min})}}{2\mu|E|} \tag{7.49}$$

であたえられ，有界な運動を行う．

- $E \geq 0$：運動可能領域は

$$r \geq \frac{\sqrt{2\mu J^2 E + \alpha^2\mu^4} - \alpha\mu^2}{2\mu E} \tag{7.50}$$

であたえられ，有界ではない． （解答終わり）

7.4　惑星の軌道

惑星が楕円軌道を描くという，ケプラーの第1法則を確かめてみましょう.

> ■■■■問題■■■■　惑星が楕円軌道を描くことを示してください.

力学変数 r のかわりに,

$$r = \frac{1}{u} \tag{7.51}$$

とします. すると,

$$\dot{r} = -\frac{\dot{u}}{u^2} \tag{7.52}$$

ですから，エネルギー保存則 (7.43) は,

$$(\dot{u})^2 = u^4 \left(\frac{2E}{\mu} + 2\alpha u - \frac{J^2}{\mu^2} u^2 \right) \tag{7.53}$$

となります.

一方，角運動量保存則 (7.36) からは,

$$(\dot{\phi})^2 = \frac{J^2}{\mu^2} u^4 \tag{7.54}$$

がえられます.

これらから，軌道 $u(\phi)$ のしたがう方程式がえられます. 式 (7.53), (7.54) より,

$$[u'(\phi)]^2 = \left(\frac{du}{d\phi} \right)^2 = \left(\frac{\dot{u}}{\dot{\phi}} \right)^2 = \frac{2\mu E}{J^2} + \frac{2\alpha\mu^2}{J^2} u - u^2 \tag{7.55}$$

をえます. これを

$$\left(u - \frac{\alpha\mu^2}{J^2} \right)^2 + (u')^2 = \frac{\alpha^2\mu^4}{J^4} \left(1 + \frac{2J^2 E}{\alpha^2\mu^3} \right) \tag{7.56}$$

と書き換えておきます. こうしておくとよいのは,

$$u - \frac{\alpha\mu^2}{J^2} = \frac{\alpha\mu^2}{J^2}\sqrt{1 + \frac{2J^2E}{\alpha^2\mu^3}} \times \cos(\phi - \phi_0) \tag{7.57}$$

とすると,

$$u' = -\frac{\alpha\mu^2}{J^2}\sqrt{1 + \frac{2J^2E}{\alpha^2\mu^3}} \times \sin(\phi - \phi_0) \tag{7.58}$$

となっていて, (7.56) をみたしていることが見つけやすくなるからです.

ここで,

$$R = \frac{J^2}{\alpha\mu^2}, \tag{7.59}$$

$$e = \sqrt{1 + \frac{2J^2E}{\alpha^2\mu^3}} \tag{7.60}$$

とおくと, (7.57) は,

$$u(\phi) = \frac{1 + e\cos(\phi - \phi_0)}{R} \tag{7.61}$$

となります. したがって, 軌道は

$$r(\phi) = \frac{R}{1 + e\cos(\phi - \phi_0)} \tag{7.62}$$

であたえられます. パラメーター R と e は初期条件によってエネルギー E と角運動量 J があたえられれば決まる量です.

これは, $0 \leq e < 1$ のときに有界な軌道をあたえます. それが楕円になることをみてみましょう.

xy-平面の回転によって角度座標 ϕ をとりなおせば $\phi_0 = 0$ とできます. 軌道の式を

$$r + er\cos\phi = R \tag{7.63}$$

としておいて, $x = r\cos\phi$ に注意すると,

$$r = R - ex \tag{7.64}$$

です. 両辺を2乗すると,

$$x^2 + y^2 = (R - ex)^2 \tag{7.65}$$

です. これは x, y の2次の多項式であたえられる2次曲線です. パラメーター e の値によって, 形が変わります. つまり e は2次曲線の形のパラメーターで, 離心率といいます.

• $0 \le e < 1$ のとき：$E_{\min} \le E < 0$ に対応し, 軌道は

$$\frac{\left(x + \dfrac{eR}{1 - e^2}\right)^2}{\left(\dfrac{R}{1 - e^2}\right)^2} + \frac{y^2}{\left(\dfrac{R}{\sqrt{1 - e^2}}\right)^2} = 1 \tag{7.66}$$

であたえられる楕円です. $R/(1 - e^2)$ を楕円の長半径, $R/\sqrt{1 - e^2}$ を短半径といいます.

• $e = 1$ のとき：$E = 0$ に対応し, 軌道は

$$x = \frac{R}{2} - \frac{y^2}{2R} \tag{7.67}$$

であたえられる放物線です.

• $e > 1$ のとき：$E > 0$ に対応し, 軌道は

$$\frac{\left(x - \dfrac{eR}{e^2 - 1}\right)^2}{\left(\dfrac{R}{e^2 - 1}\right)^2} - \frac{y^2}{\left(\dfrac{R}{\sqrt{e^2 - 1}}\right)^2} = 1 \tag{7.68}$$

であたえられる双曲線です. （解答終わり）

こうして, 惑星の軌道が有界だとすると, 楕円軌道を描くことがわかりました. 今考えたのは, $\boldsymbol{x} = \boldsymbol{x}_1 - \boldsymbol{x}_2$ の軌道ですが, 惑星の軌道はそれを $M/(m + M)$ 倍にスケールしたもので, それもやはり楕円です.

7.5 惑星の周期

　ケプラーの第3法則は，ひとつの恒星系に着目したとき，それに属する各惑星の公転周期が，その楕円軌道の長半径の1.5乗に比例することをいっています（図7.2）．これを確かめてみましょう．

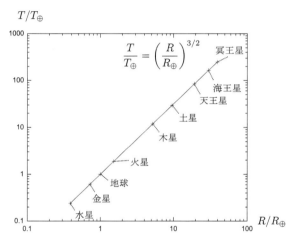

図7.2 太陽系の各惑星の，軌道長半径 R と周期 T の，観測でえられた値．それぞれ，地球の軌道長半径 $R_\oplus$，周期 $T_\oplus$ との比であらわしている．$T/T_\oplus = (R/R_\oplus)^{3/2}$ の関係がある．

　■■■問題■■■　惑星の運動の周期を求めてください．

　惑星が楕円軌道を描くことから，周期運動になります．その周期を求めよという問題です．ここでも恒星と惑星の相対位置 x の運動を考えます．

　xy-平面の原点 $O : (0,0)$ に恒星があり，惑星の時刻 t における位置を $P : (x(t), y(t))$ とします．$t = 0$ では $P : (x(0), 0, 0)$ です．線分 OP は xy-平面上の領域を「掃いて」いきますが，時刻ゼロから時刻 t までに掃く領域を Σ_t，その面積を $S(t)$ とします．これを計算してみましょう．

極座標 (r, ϕ) での面積要素を計算します.

$$x = r\cos\phi, \tag{7.69}$$

$$y = r\sin\phi \tag{7.70}$$

より

$$dx = \cos\phi \; dr - r\sin\phi \; d\phi, \tag{7.71}$$

$$dy = \sin\phi \; dr + r\cos\phi \; d\phi \tag{7.72}$$

です. これから

$$
\begin{aligned}
dxdy &= (\cos\phi \; dr - r\sin\phi \; d\phi)(\sin\phi \; dr + r\cos\phi \; d\phi) \\
&= \cos\phi\sin\phi \; drdr - r\sin^2\phi \; d\phi dr \\
&\quad + r\cos^2\phi \; drd\phi - r^2\sin\phi\cos\phi \; d\phi d\phi \\
&= (r\sin^2\phi + r\cos^2\phi) \; drd\phi \\
&= rdrd\phi
\end{aligned}
\tag{7.73}
$$

です. これから, $r = r(\phi)$ が軌道だとすると,

$$
\begin{aligned}
S(t) &= \int_{\Sigma_t} rdrd\phi \\
&= \int_0^{\phi(t)} \left(\int_0^{r(\phi)} rdr \right) d\phi \\
&= \int_0^{\phi(t)} \frac{1}{2}[r(\phi)]^2 d\phi
\end{aligned}
\tag{7.74}
$$

となります. $S'(t)$ を面積速度といいますが, それは

$$S'(t) = \frac{1}{2}r^2\dot{\phi} \tag{7.75}$$

であたえられることになります. これはちょうど角運動量に比例していて,

$$S'(t) = \frac{J}{2\mu} = \frac{\sqrt{\alpha R}}{2} \tag{7.76}$$

となっています.

面積速度が一定になるというのがケプラーの第2法則の内容ですが，これは結局角運動量の保存則のことをいっているわけです．

周期は，楕円軌道の囲む面積を面積速度で割れば出てきます．楕円軌道の囲む面積は

$$S = \pi \times \frac{R}{1 - e^2} \times \frac{R}{\sqrt{1 - e^2}} = \frac{\pi R^2}{(1 - e^2)^{3/2}} \tag{7.77}$$

です．したがって，周期 T は，

$$T = \frac{S}{S'(t)} = \frac{2\pi}{\sqrt{\alpha}}\left(\frac{R}{1 - e^2}\right)^{3/2} = \frac{2\pi}{\sqrt{G(M + m)}}\left(\frac{R}{1 - e^2}\right)^{3/2} \tag{7.78}$$

と書けます．この表式の中の $[R/(1 - e^2)]$ は x の描く楕円の長半径です．

（解答終わり）

太陽系では恒星である太陽が圧倒的に大きな質量をもっています．太陽のまわりにはいくつかの惑星が回っていますが，各惑星は不動の中心にある太陽のつくる重力場中を運動する質点として考えることができます．このとき，α は，各惑星で共通のパラメーター GM だと考えることができ，$R/(1 - e^2)$ はそのまま惑星の軌道の長半径だと考えることができます．

初期条件によって，エネルギー E，角運動量 J が決まるので，周期はそれらの関数 $T = T(E, J)$ とみることができます．ところが，その依存のしかたは，楕円の長半径にのみによっていて，長半径の $3/2$ 乗に比例しているということになります．

つまり，この近似のもとで，周期の表式 (7.78) は，太陽系の惑星の周期が，その惑星の軌道の長半径の $3/2$ 乗に比例することをあらわしています．

7.6　重力ポテンシャル

ここで，ニュートン重力の一般的な話をしておきましょう．ニュートン重力において，重力場は重力ポテンシャルとしてあたえられます．重力ポテンシャルがあたえられると，質点に働く重力が決まります．

$\mathbb{R}^3$ の点 $\boldsymbol{y}$ に置かれた質量 M の物質のつくる重力ポテンシャルは,

$$u(\boldsymbol{x}) = -\frac{GM}{\|\boldsymbol{x}-\boldsymbol{y}\|} \tag{7.79}$$

であたえられます. ただし, G はニュートンの重力定数です. 重力ポテンシャルは, 質量をかけるとエネルギーになるので, 速度の2乗の次元をもつ量です.

位置 $\boldsymbol{x}$ にある, 質量 m の物体が受ける重力は,

$$\boldsymbol{F} = -m\nabla u(\boldsymbol{x}) \tag{7.80}$$

であたえられます.

質量, 位置がそれぞれ M_a, $\boldsymbol{y}_a\ (a=1,2,\dots,N)$ の N 個の質点がつくる重力ポテンシャルは,

$$u(\boldsymbol{x}) = -\sum_{a=1}^{N}\frac{GM_a}{\|\boldsymbol{x}-\boldsymbol{y}_a\|} \tag{7.81}$$

であたえられます. これは重ね合わせの原理といって, それぞれの質点が別個につくる重力ポテンシャルの, 単なる和になっているという, ニュートン重力におけるルールです.

N 個の質点ではなくて, 領域 Λ に質量が連続的に分布している物体のつくる重力ポテンシャルは, 重ね合わせの原理から,

$$u(\boldsymbol{x}) = -\int_{\Lambda}\frac{G\rho(\boldsymbol{y})}{\|\boldsymbol{x}-\boldsymbol{y}\|}dy_1 dy_2 dy_3 \tag{7.82}$$

とあたえられることになります. ただし, ρ は物体の密度です.

7.7　　球殻のつくる重力

地球を少し掘って, 中身が空洞だったとしたら, どうなるか考えたことがあるでしょうか. 地面がないから, 地球の中心まで落ちてしまうのではないかと思う人も多いでしょう. 実は, まったくの無重力空間になっています.

> ■問題■　質量 M，半径 R の一様な球殻のつくる重力ポテンシャルを求
> めてください.

　質量が2次元的な分布のときは，重力ポテンシャルは面積分になります．球
殻を Σ とします．球殻の面密度は，

$$\sigma = \frac{M}{4\pi R^2} \tag{7.83}$$

です．重力ポテンシャルは，

$$u(\boldsymbol{x}) = -\int_\Sigma \frac{G\sigma}{\|\boldsymbol{x} - \boldsymbol{x}'\|} dS' \tag{7.84}$$

です．$\boldsymbol{x}$ がゼロでないとき，$\boldsymbol{x} = (0, 0, r)$ となるようにデカルト座標をとり，
Σ 上には球面座標 (θ', ϕ') をとります．すると，

$$\boldsymbol{x} - \boldsymbol{x}' = (-R\sin\theta'\cos\phi', -R\sin\theta'\sin\phi', r - R\cos\theta') \tag{7.85}$$

より，

$$\|\boldsymbol{x} - \boldsymbol{x}'\| = \sqrt{r^2 - 2rR\cos\theta' + R^2} \tag{7.86}$$

となります．したがって，

$$\begin{aligned}
u(\boldsymbol{x}) &= -\int_\Sigma \frac{G\sigma}{\sqrt{r^2 - 2rR\cos\theta' + R^2}} R^2 \sin\theta' \, d\theta' d\phi' \\
&= -2\pi G\sigma R^2 \int_{-1}^{1} \frac{1}{\sqrt{r^2 - 2rR\cos\theta' + R^2}} d\cos\theta' \\
&= 2\pi G\sigma R^2 \frac{\sqrt{r^2 - 2rR\cos\theta' + R^2}}{rR} \Bigg|_{\cos\theta'=-1}^{\cos\theta'=1} \\
&= \frac{GM}{2R\|\boldsymbol{x}\|} \left(\big|\|\boldsymbol{x}\| - R\big| - \big|\|\boldsymbol{x}\| + R\big| \right) \\
&= \begin{cases} -\dfrac{GM}{R} & (\|\boldsymbol{x}\| \leq R) \\[2mm] -\dfrac{GM}{\|\boldsymbol{x}\|} & (\|\boldsymbol{x}\| > R) \end{cases}
\end{aligned} \tag{7.87}$$

がえられます.

　重力ポテンシャルは，球殻の中の領域では定数になります．球殻の外では，質量 M の質点がつくる重力ポテンシャルと同じものだということもわかりました.

（解答終わり）

7.8　球対称な星の重力

　星のつくる重力場を求めるには，星を同心の球殻に分割して，各球殻のつくる重力ポテンシャルを重ね合わせればよいです.

> ■問題■ 　質量分布が原点からの距離 r のみの関数 $\rho(r)$ であたえられる星のつくる重力ポテンシャルを求めてください.

　星の半径を R とします．中心からの距離が $(s, s + ds)$ の部分は質量 $4\pi s^2 \rho(s)ds$ の球殻とみなせるので，重ね合わせの原理より，それらがつくる重力ポテンシャルの和をとります．重力ポテンシャルも中心からの距離 r の関数となります．星の内部では，つまり $r \leq R$ のときは，

$$u(r) = \int_0^r \left(-\frac{G(4\pi s^2 \rho(s)ds)}{r} \right) + \int_r^R \left(-\frac{G(4\pi s^2 \rho(s)ds)}{s} \right)$$
$$= -\frac{GM(r)}{r} - 4\pi G \int_r^R \rho(s)sds \tag{7.88}$$

となります．ただし，

$$M(r) = \int_0^r 4\pi \rho(s)s^2 ds \tag{7.89}$$

は，原点を中心とする半径 r の球体の部分の質量です.

　星の外部では，

$$u(r) = \int_0^R \left(-\frac{G(4\pi s^2 \rho(s)ds)}{r} \right)$$

$$= -\frac{GM(R)}{r} \tag{7.90}$$

となります．星の質量 $M(R)$ と同じ質量の質点がつくるポテンシャルとなります．

（解答終わり）

第8章

質点系と剛体

　ボールの斜方投射の問題を考えるとき，通常はボールを質点として扱います．しかしボールは質点ではなく，多数の分子が集まってできています．それぞれの分子の運動方程式を解けばよいのですが，それは無理な話です．

　それでも，ボールを質点として扱うのはそれほど悪いことではありません．なぜそれでいいのでしょうか．それに答えるために，多数の質点からなる系を一般に考えていくことになります．

　ボールの運動は結局，質点で近似できるのですが，ボールが回転する効果をとりいれるにはそれでは不十分です．その次に考えるのは，ボールを剛体として扱う近似です．剛体というのは，それを構成する質点の位置関係が変わらないもののことです．剛体に関する基本的なことがらをみていきましょう．

8.1　重心の運動方程式

　ボールが地上の重力場中を運動するとき，ボールを構成する各質点は，互いに力を及ぼしあい，複雑な運動方程式にしたがって運動しています．それでも，質点どうしが及ぼしあう力は，作用・反作用の法則のおかげで，運動方程式から完璧に消去することができます．残った方程式は，重心の運動方程式になります．

> ■■問題■■　n 個の質点 $P_1, P_2, \ldots, P_n$ があります．質点 P_a の質量を m_a とします．また質点 P_a は，外力 $\boldsymbol{f}_a$ を受けるとします．質点系の重心の運動方程式はどのようになるでしょうか．

　質点系とは複数の質点からなる系のことです．野球のボールなどの運動を考えるとき，ボールを1つの質点とみなして考えることもありますし，ボールが多数の質点から構成されていると考えることもあります．

　外力というのは，重力や電磁気力のような外場から，質点系の各構成質点が受ける力のことです．それに対して，質点系を構成する各質点どうしが力を及ぼしあっていてもよいです．それらは外力とはいわないで，内力といいます．質点 P_a は，質点 P_b から力 $\boldsymbol{f}_{a,b}$ を受けるとします．質点 P_a の受ける力 $\boldsymbol{F}_a$ は，外力と各質点からの内力の単純な和

$$\boldsymbol{F}_a = \boldsymbol{f}_a + \sum_{b \neq a} \boldsymbol{f}_{a,b}, \qquad (a = 1, 2, \ldots, n) \tag{8.1}$$

だとします．これはニュートン力学で仮定することです．この仮定によって，物事は大変簡単になりますが，あらゆる実験結果と矛盾しないので，自然法則はこのようにできていると考えることができます．

　すると，各質点の位置ベクトルを $\boldsymbol{x}_a$ と書くと，運動方程式は

$$m_1 \ddot{\boldsymbol{x}}_1 = \boldsymbol{f}_1 + \boldsymbol{f}_{1,2} + \boldsymbol{f}_{1,3} + \cdots + \boldsymbol{f}_{1,n},$$
$$m_2 \ddot{\boldsymbol{x}}_2 = \boldsymbol{f}_2 + \boldsymbol{f}_{2,1} + \boldsymbol{f}_{2,3} + \cdots + \boldsymbol{f}_{2,n},$$
$$\vdots$$
$$m_n \ddot{\boldsymbol{x}}_n = \boldsymbol{f}_n + \boldsymbol{f}_{n,1} + \boldsymbol{f}_{n,2} + \cdots + \boldsymbol{f}_{n,n-1} \tag{8.2}$$

となります．これらの辺々の和をとると，

$$\sum_{a=1}^{n} m_a \ddot{\boldsymbol{x}}_a = \sum_{a=1}^{n} \boldsymbol{f}_a + \sum{}' \boldsymbol{f}_{a,b} \tag{8.3}$$

となります．ただし，$\sum'$ は，$a \neq b$ となる全ての (a, b) のペアについての和とします．

　質点 a が質点 b から受ける内力 $\boldsymbol{f}_{a,b}$ と質点 b が質点 a から受ける内力 $\boldsymbol{f}_{b,a}$ は，互いに大きさが等しく，方向が逆だと仮定します．これは，作用・反作用の法則とよばれるニュートンの第3法則のことです．つまり，

$$\boldsymbol{f}_{a,b} + \boldsymbol{f}_{b,a} = \boldsymbol{0} \tag{8.4}$$

が成り立ちます．すると，

$$\sum{}' \boldsymbol{f}_{a,b} = \sum_{a<b} (\boldsymbol{f}_{a,b} + \boldsymbol{f}_{b,a}) = \boldsymbol{0} \tag{8.5}$$

となるので，(8.3) の内力をあらわす項たちは，すべて打ち消しあうことになります．

　質点系の重心 $\boldsymbol{z}$ は，

$$\boldsymbol{z} = \frac{\sum_{a=1}^{n} m_a \boldsymbol{x}_a}{M}, \tag{8.6}$$

$$M := \sum_{a=1}^{n} m_a \tag{8.7}$$

によって定義されます．

　結局重心の運動方程式は，(8.3) より

$$M\ddot{\boldsymbol{z}} = \boldsymbol{F}, \tag{8.8}$$

$$\boldsymbol{F} := \sum_{a=1}^{n} \boldsymbol{f}_a \tag{8.9}$$

となります．つまり，重心の運動だけ考えることにすると，質量 M の 1 つの質点に外力が集中していると考えてもよいことになります．　　　　（解答終わり）

　特に，外力が一様な重力加速度 $\boldsymbol{g}$ であたえられる重力場の場合，$\boldsymbol{f}_a = m_a \boldsymbol{g}$ ですので，重心の運動方程式は

$$M\ddot{\boldsymbol{z}} = M\boldsymbol{g} \tag{8.10}$$

となります．ですから，野球のボールの斜方投射を考えるとき，わざわざ質点系だと考えなくても，1 つの質点とみなしてもよいことが正当化されます．

8.2　質点系の角運動量

　同じように，質点どうしの内力が純粋な引力または斥力だとすると，内力の

モーメントを，質点系の運動方程式から消去することができ，角運動量に対する運動方程式が残ります．

> ■■■問題■　質点系 $P_1, P_2, \ldots, P_n$ の重心に対する角運動量の時間発展に対する運動方程式はどのようにあらわされるでしょうか．

　角運動量を定義するには基準となる点が必要です．質点系の角運動量の基準点を重心 z にとります．重心 z に対する質点 P_a の角運動量は，

$$\boldsymbol{j}_a = m_a(\boldsymbol{x}_a - \boldsymbol{z}) \times (\dot{\boldsymbol{x}}_a - \dot{\boldsymbol{z}}) \tag{8.11}$$

と定義されます．質点系の重心に対する角運動量 $\boldsymbol{S}$ は，質点に関する和をとったもの

$$
\begin{aligned}
\boldsymbol{S} &= \sum_{a=1}^{n} \boldsymbol{j}_a \\
&= \sum_{a=1}^{n} \left(m_a \boldsymbol{x}_a \times \dot{\boldsymbol{x}}_a - m_a \boldsymbol{x}_a \times \dot{\boldsymbol{z}} - m_a \boldsymbol{z} \times \dot{\boldsymbol{x}}_a + m_a \boldsymbol{z} \times \dot{\boldsymbol{z}} \right) \\
&= \sum_{a=1}^{n} m_a \boldsymbol{x}_a \times \dot{\boldsymbol{x}}_a - M\boldsymbol{z} \times \dot{\boldsymbol{z}} - M\boldsymbol{z} \times \dot{\boldsymbol{z}} + M\boldsymbol{z} \times \dot{\boldsymbol{z}} \\
&= \sum_{a=1}^{n} m_a \boldsymbol{x}_a \times \dot{\boldsymbol{x}}_a - M\boldsymbol{z} \times \dot{\boldsymbol{z}} \tag{8.12}
\end{aligned}
$$

です．最後の式の第1項は，質点系の原点に対する角運動量，第2項は，重心運動の角運動量です．質点系の原点に対する角運動量は全角運動量，重心運動の角運動量は軌道角運動量といいます．上の式から，全角運動量は軌道角運動量と，重心に対する角運動量の和になっています．

　質点系の重心に対する角運動量 $\boldsymbol{S}$ の時間発展を決める式は，

$$
\begin{aligned}
\dot{\boldsymbol{S}} &= \sum_{a=1}^{n} m_a \dot{\boldsymbol{x}}_a \times \dot{\boldsymbol{x}}_a + \sum_{a=1}^{n} m_a \boldsymbol{x}_a \times \ddot{\boldsymbol{x}}_a - M\dot{\boldsymbol{z}} \times \dot{\boldsymbol{z}} - M\boldsymbol{z} \times \ddot{\boldsymbol{z}} \\
&= \sum_{a=1}^{n} m_a \boldsymbol{x}_a \times \ddot{\boldsymbol{x}}_a - M\boldsymbol{z} \times \ddot{\boldsymbol{z}}
\end{aligned}
$$

$$= \sum_{a=1}^{n} \boldsymbol{x}_a \times \boldsymbol{f}_a + \sum' \boldsymbol{x}_a \times \boldsymbol{f}_{a,b} - M\boldsymbol{z} \times \boldsymbol{F} \tag{8.13}$$

となります. 最後の式の第2項を変形すると,

$$\begin{aligned} \sum' \boldsymbol{x}_a \times \boldsymbol{f}_{a,b} &= \frac{1}{2} \sum' \boldsymbol{x}_a \times \boldsymbol{f}_{a,b} - \frac{1}{2} \sum' \boldsymbol{x}_a \times \boldsymbol{f}_{b,a} \\ &= \frac{1}{2} \sum' \boldsymbol{x}_a \times \boldsymbol{f}_{a,b} - \frac{1}{2} \sum' \boldsymbol{x}_b \times \boldsymbol{f}_{a,b} \\ &= \frac{1}{2} \sum' (\boldsymbol{x}_a - \boldsymbol{x}_b) \times \boldsymbol{f}_{a,b} \end{aligned} \tag{8.14}$$

となります. 上の2番目の等式では, 和をとる添字を a のかわりに b とし, b のかわりに a としました. 質点 P_a が質点 P_b から受ける力 $\boldsymbol{f}_{a,b}$ は, 引力または斥力だと仮定します. つまり2つの質点の間の内力は, $\boldsymbol{x}_a - \boldsymbol{x}_b$ と平行だとします. すると, (8.14) はゼロベクトルになります. したがって, (8.13) は

$$\begin{aligned} \dot{\boldsymbol{S}} &= \sum_{a=1}^{n} \boldsymbol{x}_a \times \boldsymbol{f}_a - M\boldsymbol{z} \times \boldsymbol{F} \\ &= \sum_{a=1}^{n} (\boldsymbol{x}_a - \boldsymbol{z}) \times \boldsymbol{f}_a \end{aligned} \tag{8.15}$$

となります.

ベクトル $(\boldsymbol{x}_a - \boldsymbol{z}) \times \boldsymbol{f}_a$ は, 質点 P_a にかかる外力のモーメントといって, 重心に対する位置ベクトルと力との外積になっています. 外力のモーメントも, 基準点のとり方によりますが, 今の場合, 重心に対する外力のモーメントです.

質点系の重心に対する角運動量の時間変化は, 重心に対する外力のモーメントの和に等しいことになります. （解答終わり）

8.3　一様重力場中の質点系の角運動量

次は, 簡単な応用ですが, 私たちにとってもっとも身近なことがらなので, 基本知識として確かめておきましょう.

> ■問題■　一様な重力場中で，質点系の重心に対する角運動量は保存する
> ことを示してください．

外力のモーメントの和は，

$$\sum_{a=1}^{n}(\boldsymbol{x}_a - \boldsymbol{z}) \times m_a \boldsymbol{g} = \sum_{a=1}^{n} m_a \boldsymbol{x}_a \times \boldsymbol{g} - M\boldsymbol{z} \times \boldsymbol{g}$$

$$= M\boldsymbol{z} \times \boldsymbol{g} - M\boldsymbol{z} \times \boldsymbol{g} = \boldsymbol{0} \qquad (8.16)$$

となります．したがって，重心に対する角運動量は時間変化しません．

（解答終わり）

　もちろん，一様重力場中でも，床の上にのっているだとか，他のものから力
を受ける場合は，角運動量は保存しません．例えば野球のボールを投げたとし
て，空気抵抗が無視できるとすれば，飛んでいる間は重心に対する角運動量が
保存することになります．

8.4　剛体のつり合い

　質点系のなかでも，剛体は特に扱いやすいものです．剛体に関する基本事項
をおさえておきましょう．

> ■問題■　剛体に働く力がつり合って静止する条件を求めてください．

　剛体とは質点系の特別な場合で，質点系を構成するどの2つの質点をとって
も，その間の距離が定数となるもののことです．
　剛体の運動は，剛体の重心の位置と姿勢，つまり傾き方によって記述できま
す．剛体が静止していることと，重心の速度と重心に対する角運動量がともに
ゼロベクトルとなることは同等です．

質点系の重心の運動方程式 (8.9) より, 重心が静止するためには外力の和が
ゼロ

$$\sum_{a=1}^{n} \boldsymbol{f}_a = \boldsymbol{0} \tag{8.17}$$

でなければなりません. また, 重心に対する角運動量がゼロベクトルにとどま
らないといけないので, (8.15) より外力のモーメントの和もゼロ

$$\sum_{a=1}^{n} (\boldsymbol{x}_a - \boldsymbol{z}) \times \boldsymbol{f}_a = \boldsymbol{0} \tag{8.18}$$

でなければなりません. 外力の和がゼロのとき, この条件式は,

$$\sum_{a=1}^{n} \boldsymbol{x}_a \times \boldsymbol{f}_a = \boldsymbol{0} \tag{8.19}$$

と等価です. これは, 原点を基準点とする外力のモーメントの和がゼロだと
いっています. 原点はどこでもよいので, 基準点の選び方によらず, 外力の
モーメントの和がゼロという意味になります. (解答終わり)

剛体が静止し続けるためには, 外力の和と外力のモーメントの和がともにゼ
ロになることが必要十分です. ただし, その状態が不安定な場合もあります.
例えば, 裁縫の針をまっすぐ床に立てた状態を考えましょう. このとき針の受
ける重力と床からの垂直抗力がつり合って, 外力も外力のモーメントもゼロに
なっています. しかし, 針がほんの少し傾いただけでこの均衡は崩れてしまい
ます. それに対して, 針の上端を糸でつるしている場合は, 安定な平衡状態に
なっています. これらの平衡状態の違いを考えてみるとよいでしょう.

8.5 剛体の回転のエネルギー

剛体は重心が静止していても, 回転運動することがあります. そのとき, 質
点系としての運動エネルギーの和が回転エネルギーです. 剛体の回転エネル
ギーは, 剛体の質量分布で決まる慣性モーメントと, 剛体の角速度によってあ

らわすことができます.

■問題■ 剛体が重心を通る直線を固定軸として一定の角速度 ω で回転しています. 剛体の回転のエネルギーを求めてください.

剛体は n 個の質点 $P_1, \ldots, P_n$ からなるとします. 質点 P_a に着目すると, P_a は回転軸のまわりを角速度 ω で等速円運動することになります. すると, P_a と回転軸との距離を d_a として, P_a の速さは

$$v_a = d_a \omega, \tag{8.20}$$

運動エネルギーは

$$T_a = \frac{m_a v_a^2}{2} = \frac{m_a d_a^2 \omega^2}{2} \tag{8.21}$$

となります. 剛体の回転のエネルギーは, 構成質点にわたっての運動エネルギーの和のことになりますので,

$$T = \sum_{a=1}^{n} T_a = \frac{\omega^2}{2} \sum_{a=1}^{n} m_a d_a^2 \tag{8.22}$$

です.　　　　　　　　　　　　　　　　　　　　　　　　　　（解答終わり）

ここまででもよいですが, もう少しこの表式を調べてみましょう. 回転軸は剛体の重心を貫く直線です. 最後の表式にあらわれる因子

$$I := \sum_{a=1}^{n} m_a d_a^2 \tag{8.23}$$

はその回転軸に関する慣性モーメントとよばれる量で, 剛体に固有な量です. 慣性モーメントは回転軸ごとに決まっているので, そのような量は最終的には「テンソル」というもので記述されるのですが, そのことは気にしなくてよいです. 重心を通る回転軸に対して慣性モーメントが決まっていることだけが基本的に重要なことです.

剛体を構成する質点 P_a の，重心に関する位置ベクトルを

$$\boldsymbol{y}_a := \boldsymbol{x}_a - \boldsymbol{z} \tag{8.24}$$

と書きましょう．また，回転軸に平行な単位ベクトルを $\boldsymbol{e}$ としましょう．ベクトル $\boldsymbol{e}$ のとり方には $\pm\boldsymbol{e}$ と2通りありますが，どちらをとってもかまいません．

すると，回転軸と P_a の間の距離は，

$$\begin{aligned} d_a &= \|\boldsymbol{y}_a - (\boldsymbol{y}_a \cdot \boldsymbol{e})\boldsymbol{e}\| \\ &= \sqrt{\|\boldsymbol{y}_a\|^2 - (\boldsymbol{y}_a \cdot \boldsymbol{e})^2} \end{aligned} \tag{8.25}$$

となります．したがって，$\boldsymbol{e}$ に平行な回転軸のまわりの慣性モーメントを I_e と書くと，

$$I_e = \sum_{a=1}^{n} m_a \left[\|\boldsymbol{y}_a\|^2 - (\boldsymbol{y}_a \cdot \boldsymbol{e})^2 \right] \tag{8.26}$$

となり，回転のエネルギーは

$$T = \frac{I_e \omega^2}{2} \tag{8.27}$$

となります．

8.6　剛体の角運動量

　　■問題■　直線 l を固定軸として，角速度 ω で剛体が回転しています．剛体の重心に対する角運動量の l 方向の成分はどのようにあらわされるでしょうか．

　直線 l の上に原点 O をとります．剛体は n 個の質点からなるとし，それぞれの構成粒子の質量を m_a，位置ベクトルを $\boldsymbol{x}_a$ とします．また，剛体の重心の位置ベクトルを $\boldsymbol{z}$ としましょう（図 8.1 参照）．$\boldsymbol{x}_a$ も $\boldsymbol{z}$ も時間変化することに注意しましょう．

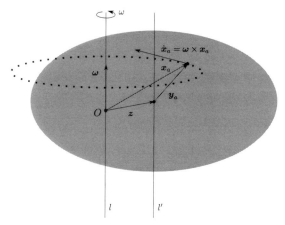

図 8.1 直線 l を固定軸とする剛体の回転運動.

直線 l に平行な単位ベクトルを 1 つ選んで e とします. 向きは, 剛体の回転に対して右ねじの方向にとっておきます. 角速度ベクトルを

$$\boldsymbol{\omega} = \omega \boldsymbol{e} \tag{8.28}$$

と定義します. a 番目の構成粒子は, 直線 l のまわりを等速円運動していますが, その速度は,

$$\dot{\boldsymbol{x}}_a = \boldsymbol{\omega} \times \boldsymbol{x}_a \tag{8.29}$$

となります. 同様に,

$$\dot{\boldsymbol{z}} = \boldsymbol{\omega} \times \boldsymbol{z} \tag{8.30}$$

です.

a 番目の構成粒子の, 重心 z に対する位置ベクトルを $\boldsymbol{y}_a$ とすると,

$$\boldsymbol{y}_a = \boldsymbol{x}_a - \boldsymbol{z} \tag{8.31}$$

より (8.29), (8.30) を用いて

$$\dot{\boldsymbol{y}}_a = \boldsymbol{\omega} \times \boldsymbol{y}_a \tag{8.32}$$

となります. したがって, a 番目の構成粒子の, 重心 z に対する角運動量は

$$\boldsymbol{j}_a = m_a \boldsymbol{y}_a \times \dot{\boldsymbol{y}}_a$$
$$= m_a \boldsymbol{y}_a \times (\boldsymbol{\omega} \times \boldsymbol{y}_a)$$
$$= m_a [\|\boldsymbol{y}_a\|^2 \boldsymbol{\omega} - (\boldsymbol{y}_a \cdot \boldsymbol{\omega}) \boldsymbol{y}_a] \tag{8.33}$$

となります. 第 1 項は定数ベクトルなのですが, 第 2 項は $\boldsymbol{y}_a \cdot \boldsymbol{\omega} = \boldsymbol{0}$ でない限り時間変化します. これの $\boldsymbol{e}$ 方向の成分は,

$$\boldsymbol{j}_a \cdot \boldsymbol{e} = m_a [\|\boldsymbol{y}_a\|^2 - (\boldsymbol{y}_a \cdot \boldsymbol{e})^2] \omega = m_a d_a^2 \omega \tag{8.34}$$

となります. ただし, d_a は重心を通り, 直線 l に平行な直線 l' と, a 番目の構成粒子との距離です. したがって, これは ω が時間的に一定なら時間変化しない量です.

剛体の, 重心に対する角運動量を $\boldsymbol{j} = \sum_a \boldsymbol{j}_a$ とすると, その $\boldsymbol{e}$ 方向の成分は,

$$j_e := \boldsymbol{j} \cdot \boldsymbol{e} = \sum_{a=1}^{n} \boldsymbol{j}_a \cdot \boldsymbol{e}$$
$$= \sum_{a=1}^{n} m_a d_a^2 \omega = I_e \omega \tag{8.35}$$

となります. ただし, I_e は重心を通る直線 l' に関する剛体の慣性モーメントです. 　　　　　　　　　　　　　　　　　　　　　　　　　　（解答終わり）

結局, 回転軸が重心を通っていなくても, 重心に対する剛体の角運動量の回転軸方向の成分は, 剛体の慣性モーメントと角速度の積になることがわかりました. 原点に対する剛体の角運動量はこれとはもちろん違っていて, これに重心が円運動することによる軌道角運動量を足しておかなければなりません.

8.7　球体の慣性モーメント

■問題■ 質量 M, 半径 R の一様な質量密度をもつ球体の, 中心を通る軸に関する慣性モーメントはいくらでしょうか.

　球体を B とします．B の重心はもちろん球体の中心にあります．ここを原点として，xyz-軸をとります．各座標軸に平行な単位ベクトル

$$e_x = (1, 0, 0), \tag{8.36}$$

$$e_y = (0, 1, 0), \tag{8.37}$$

$$e_z = (0, 0, 1) \tag{8.38}$$

をとります．x 軸に関する慣性モーメントは

$$
\begin{aligned}
I_{e_x} &= \int_B \rho \left[\|\boldsymbol{x}\|^2 - (\boldsymbol{x} \cdot \boldsymbol{e}_x)^2 \right] dxdydz \\
&= \rho \int_B \left(y^2 + z^2 \right) dxdydz
\end{aligned}
\tag{8.39}
$$

となります．ただし

$$\rho = \frac{M}{4\pi R^3 / 3} \tag{8.40}$$

は B の質量密度です．同様に，

$$I_{e_y} = \rho \int_B \left(x^2 + z^2 \right) dxdydz, \tag{8.41}$$

$$I_{e_z} = \rho \int_B \left(x^2 + y^2 \right) dxdydz \tag{8.42}$$

です．これらの積分は直接計算してもよいですが，もっと賢い方法があります．
　対称性から明らかに

$$I_{e_x} = I_{e_y} = I_{e_z} \tag{8.43}$$

です．すると，

$$
\begin{aligned}
I_{e_x} + I_{e_y} + I_{e_z} &= 2\rho \int_B \left(x^2 + y^2 + z^2 \right) dxdydz \\
&= 2\rho \int_0^R r^2 dr \int_0^\pi \sin\theta d\theta \int_0^{2\pi} d\phi \ r^2 = \frac{8\pi}{5} \rho R^5
\end{aligned}
\tag{8.44}
$$

は，より簡単に計算できます．これから，

$$I_{e_x} = I_{e_y} = I_{e_z} = \frac{1}{3} \times \frac{8\pi}{5} \rho R^5 = \frac{2}{5} M R^2 \tag{8.45}$$

と求まります. （解答終わり）

8.8　坂を転がる球

> ■■■ 問題 ■■■　傾斜角 θ の斜面があります．質量 M，半径 R の一様な密度を
> もつ球体がこの斜面をすべらずに転がります．最初静止していた球体は，
> 高低差が h の地点まで転がったとき，その重心の速さはいくらになるで
> しょうか．

図 8.2　斜面を転がる球体.

エネルギー保存則を使います．球体が速さ v で転がるとき，球体の角速度を
ω とすると，すべらずに転がるということから

$$v = R\omega \tag{8.46}$$

が成り立ちます.

球体の運動エネルギーは，重心が運動することによるもの

$$T_c = \frac{Mv^2}{2} \tag{8.47}$$

と，回転のエネルギー

$$T_r = \frac{I\omega^2}{2} = \frac{I}{2R^2}v^2 \tag{8.48}$$

の和になります．前問の結果より，$I = 2MR^2/5$ なので，

$$T_R = \frac{Mv^2}{5} \tag{8.49}$$

です．すると，力学的エネルギーの保存則は

$$Mgh = T_c + T_r = \frac{7Mv^2}{10} \tag{8.50}$$

となります．これから，

$$v = \sqrt{\frac{10gh}{7}} \tag{8.51}$$

と求まります．　　　　　　　　　　　　　　　　　　　（解答終わり）

　この結果は，球体の半径によらないことに注意しましょう．高校物理の斜面の問題では，物体が転がる効果を考えないので，答えは $\sqrt{2gh}$ でした．気づかなかったかもしれませんが，高校物理では斜面を球が転がることはありません．いつも台車が斜面をすべる設定になっていたと思います．それは球が大きいか小さいかにかかわらず，転がることによる効果は無視できないからです．

8.9　　壁に立てかけた棒

　棒を壁に立てかけるという場面には，よく遭遇します．雨の日に傘を持っていて，ハンカチをカバンから出すために両手を使いたいときとか．棒をすべらずに立てかけることのできる条件をここでは考えてみましょう．完全に解析するのは，なかなか難しい問題です．

■問題■　　一様な質量密度をもつ，質量 M の棒があります．棒の長さは L だとします．棒と床のなす角が θ となるように，この棒を壁に立てかけます．棒と壁，棒と床の間の静止摩擦係数はともに μ_0 だとします．棒がすべらないように立てかけるためには，θ はいくら以上でなければならないでしょうか．

図 8.3 壁に立てかけた棒.

　床と壁に直交する鉛直面をとり，棒はその鉛直面内で壁に立てかけるとします．床と壁の交点を原点とし，床に沿って x 軸を，壁に沿って y 軸をとります．棒と床の接点を

$$A = (L\cos\theta, 0), \tag{8.52}$$

棒と壁の接点を

$$B = (0, L\sin\theta) \tag{8.53}$$

とします．棒の重心は

$$C = \left(\frac{L\cos\theta}{2}, \frac{L\sin\theta}{2}\right) \tag{8.54}$$

となります．A において，棒に作用する力は，垂直抗力を N_A として，

$$\boldsymbol{f}_A = (-\alpha N_A, N_A) \tag{8.55}$$

です．ただし α は無次元の因子で，

$$0 \leq \alpha \leq \mu_0 \tag{8.56}$$

をみたしていなければなりません．また，B において棒に作用する力は，垂直抗力を N_B として，

$$\boldsymbol{f}_B = (N_B, \beta N_B) \tag{8.57}$$

です．ただし

$$0 \leq \beta \leq \mu_0 \tag{8.58}$$

でなければなりません．棒にかかる重力は，一点 C に

$$\boldsymbol{f}_C = (0, -Mg) \tag{8.59}$$

が作用しているのと等価です．

すると，外力の和がゼロなことから

$$-\alpha N_A + N_B = 0, \tag{8.60}$$

$$N_A + \beta N_B - Mg = 0 \tag{8.61}$$

です．N_A, N_B について解くと，

$$N_A = \frac{Mg}{\alpha\beta + 1}, \tag{8.62}$$

$$N_B = \frac{\alpha Mg}{\alpha\beta + 1} \tag{8.63}$$

となります．

原点に関する外力のモーメントは，z 軸の方向を向いており，その z 成分がゼロという条件は，

$$N_A L \cos\theta - N_B L \sin\theta - \frac{L\cos\theta}{2} Mg = 0 \tag{8.64}$$

となります．これに (8.62), (8.63) を代入すると，

$$\left(\frac{\cos\theta}{\alpha\beta + 1} - \frac{\alpha\sin\theta}{\alpha\beta + 1} - \frac{\cos\theta}{2} \right) MgL = 0 \tag{8.65}$$

となります．これから，

$$\beta = \frac{1}{\alpha} - 2\tan\theta \tag{8.66}$$

でなければなりません．これが，$0 \leq \alpha \leq \mu_0$ かつ $0 \leq \beta \leq \mu_0$ の範囲でみたされればよいです．

$\alpha\beta$-平面に (8.66) のグラフを考えてみるとよいでしょう（図 8.4）．

θ をゼロから $\pi/2$ まで変えたとき，θ が大きい方が，(8.66) は解をもちやすくなります．θ がゼロに近いときを考えると，$\mu_0 \geq 1$ なら (8.66) はいつでも解

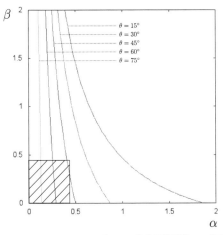

図 8.4　$\beta = 1/\alpha - 2\tan\theta$ のグラフ．静止摩擦係数 μ_0 は図中の影を
つけた正方形のような領域を定める．この領域とグラフが共通部分をも
てば，解 (α, β) が存在する．

をもつことがわかるでしょう．ただし，通常は静止摩擦係数は 1 未満です．も
しそうだとしたら，θ がゼロに近いときに，棒は立てかけられなくなります．
$\mu_0 < 1$ だとしましょう．このとき，$\alpha\beta$-平面の直線 $\alpha = \mu_0$ と，(8.66) のグラ
フの交点を考えます．その交点は，

$$(\alpha, \beta) = \left(\mu_0, \frac{1}{\mu_0} - 2\tan\theta\right) \tag{8.67}$$

ですが，このとき

$$\beta = \frac{1}{\mu_0} - 2\tan\theta \leq \mu_0 \tag{8.68}$$

が成り立つことが，(8.66) があたえられた範囲の解をもつ必要十分条件となり
ます．この条件は，

$$\tan\theta \geq \frac{1 - \mu_0^2}{2\mu_0} \tag{8.69}$$

です．ですから，μ_0 の値によらず，

$$\tan\theta \geq \max\left(\frac{1 - \mu_0^2}{2\mu_0}, 0\right) \tag{8.70}$$

が棒を立てかけることのできる角度 θ の条件です.　　　　（解答終わり）

　なお，(8.66) の解 (α, β) の組は一意的には求まらないことに注意しましょう．棒を立てかけたとき，棒が床や壁から受ける力は一意的に決まるわけではなく，一般にはいくつも解の可能性があります.

8.10　打撃の中心

　野球でもテニスでもよいですが，バットでもラケットでも，ボールをそこに当てると，よく飛ぶ場所があるそうです．力学をやっていれば，それが何を指しているのかが理論的にわかります.

■問題　野球のバットを摩擦のない水平面に置きます．バットの中心線上に，重心 G からの距離が d となるような点 P をとります．バットの中心線に垂直な方向からボールを水平に当てたとき，バットは回転運動をはじめますが，点 P は回転の中心になっていて，動かないままでした．バットのどこにボールを当てたらそのようになるでしょうか.

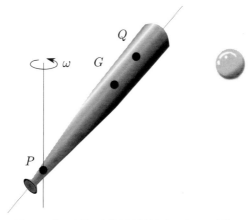

図 8.5　点 P を通る直線を固定軸とするバットの回転.

野球のバットを水平面に置いたとしたら，中心軸は少し傾きますが，ここではただの棒だと思って中心軸は水平だと考えましょう．

バットにボールが当たったとします．このとき，バットの中心軸上の1点Qに力積$\Delta p = F\Delta t$があたえられたと考えることができます（図 8.5 参照）．この力積は，一定の力の大きさFで時間Δtだけボールがバットを押したことによるものだと考えておくとよいでしょう．

バットの質量をM，ボールが当たった直後の重心Gの速さをvすると

$$Mv = \Delta p \tag{8.71}$$

が成り立ちます．

PとGの間の距離をd'とすると，バットにあたえられた，重心に対する力のモーメントは

$$N = Fd' \tag{8.72}$$

なので，ボールが当たった直後の重心に対する角運動量は，

$$j = N\Delta t = Fd'\Delta t = d'\Delta p = Mvd' \tag{8.73}$$

となります．

また，ボールが当たった直後のバットの角速度をωとすると，

$$\omega = \frac{v}{d} \tag{8.74}$$

です．したがって，重心Gを通る，鉛直な直線lに関するバットの慣性モーメントをIとおくと，

$$j = I\omega = \frac{Iv}{d} \tag{8.75}$$

の関係があります．

角運動量に対する2つの表式 (8.73), (8.75) を比べることにより，

$$d' = \frac{I}{Md} \tag{8.76}$$

だとわかります．重心からPと反対側の点で，重心からの距離が$I/(Md)$とな

る点に向けてボールが当たるようにすると，P は回転の中心になります.

（解答終わり）

　野球では「バットの芯にあてる」という表現をしますが，この問題の答えの点 Q のことです．バットの芯とは，重心のことではないです．バットの持ち手が回転の中心となるようにボールを当てると，うまく打球が飛びます．試してみてください.

第 9 章

回転座標系

　ニュートン力学は慣性系で定式化されています．慣性系ではない座標系で運動方程式を書いてみると，見かけの力が働いているようにみえます．それを慣性力といいます．等加速度運動のとき，慣性力はベクトルとしての重力加速度の変化と解釈できるので，取り扱いは易しいです．もう少し複雑なのは，回転座標系における運動です．慣性力として，遠心力とコリオリ力が働きます．遠心力は，回転座標系における位置のみによるので，比較的扱いやすいですが，コリオリ力は回転座標系に対する運動状態によるので，少し複雑です．例えば，私たちが普段慣性系だと思っているものは，地球の自転を考慮すると，回転座標系だということになり，地表面に対して運動すれば，厳密にはコリオリ力が働きます．コリオリ力の効果として，よく例にあげられるのは，フーコーの振り子です．ただの振り子なのですが，振り子の振動面が少しずつ時計回りに回転するというのを見るためのものです．これがなぜ時計回りなのか，どのくらいの割合で回転するのか，計算してみましょう．

9.1　コリオリ力

> ■ 問題 ■　角速度 ω で回転する系での運動方程式はどのように書けるでしょうか．

　回転軸を z 軸として，デカルト座標 (x, y, z) をとりましょう．これに対して角速度 ω で回転する系を (X, Y, Z) とすると，

$$x = X \cos \omega t - Y \sin \omega t, \tag{9.1}$$

$$y = X \sin \omega t + Y \cos \omega t, \tag{9.2}$$

$$z = Z \tag{9.3}$$

の関係があります.

(x, y, z) や (X, Y, Z) が質点の位置だとすると，2つの座標系であらわした速度には，

$$\dot{x} = (\dot{X} - \omega Y) \cos \omega t - (\dot{Y} + \omega X) \sin \omega t, \tag{9.4}$$

$$\dot{y} = (\dot{X} - \omega Y) \sin \omega t + (\dot{Y} + \omega X) \cos \omega t, \tag{9.5}$$

$$\dot{z} = \dot{Z} \tag{9.6}$$

という関係があり，加速度にも，

$$\ddot{x} = (\ddot{X} - 2\omega\dot{Y} - \omega^2 X) \cos \omega t - (\ddot{Y} + 2\omega\dot{X} - \omega^2 Y) \sin \omega t, \tag{9.7}$$

$$\ddot{y} = (\ddot{X} - 2\omega\dot{Y} - \omega^2 X) \sin \omega t + (\ddot{Y} + 2\omega\dot{X} - \omega^2 Y) \cos \omega t, \tag{9.8}$$

$$\ddot{z} = \ddot{Z} \tag{9.9}$$

という関係があることになります.

(X, Y, Z) 座標系での力の成分が (F_X, F_Y, F_Z) なら，(x, y, z) 座標系であらわした力の成分 (F_x, F_y, F_z) は，座標の関係式と同じ形の

$$F_x = F_X \cos \omega t - F_Y \sin \omega t, \tag{9.10}$$

$$F_y = F_X \sin \omega t + F_Y \cos \omega t, \tag{9.11}$$

$$F_z = F_Z \tag{9.12}$$

となります.

これらのことから，質量 m の質点に対する運動方程式は，

$$m\ddot{X} = 2m\omega\dot{Y} + m\omega^2 X + F_X, \tag{9.13}$$

$$m\ddot{Y} = -2m\omega\dot{X} + m\omega^2 Y + F_Y, \tag{9.14}$$

$$m\ddot{Z} = F_Z \tag{9.15}$$

となることがわかります. ただし，回転軸が Z 軸と一致する場合の表式なので，これでは使い勝手がよくありません.

角速度ベクトルを,

$$\boldsymbol{\omega} = (0, 0, \omega) \tag{9.16}$$

としましょう. 回転座標系での位置ベクトルを

$$\boldsymbol{X} = (X, Y, Z) \tag{9.17}$$

とすると,

$$\boldsymbol{\omega} \times \dot{\boldsymbol{X}} = (-\omega\dot{Y}, \omega\dot{X}, 0) \tag{9.18}$$

となっています. これは, (9.13), (9.14) の右辺第1項と同じ形です. また.

$$\boldsymbol{\omega} \times (\boldsymbol{\omega} \times \boldsymbol{X}) = (-\omega^2 X, -\omega^2 Y, 0) \tag{9.19}$$

は (9.13), (9.14) の右辺第2項と同じ形です. これから, 運動方程式を

$$m\ddot{\boldsymbol{X}} = -m\boldsymbol{\omega} \times \dot{\boldsymbol{X}} - m\boldsymbol{\omega} \times (\boldsymbol{\omega} \times \boldsymbol{X}) + \boldsymbol{F} \tag{9.20}$$

と書き直すことができます. （解答終わり）

運動方程式 (9.20) は, 回転軸が (X, Y, Z) 座標系の原点を通っていて, かつ角速度ベクトルが一定のときにいつでも正しい形です. 角速度ベクトルが一定のときというのは, (x, y, z) 座標系での成分が定数ということですが, (X, Y, Z) 座標系での成分も定数になることに注意してください.

式 (9.20) の, 右辺第1項はコリオリ力といいます. 右辺第2項は遠心力です. コリオリ力は, 回転座標系に対して回転軸と平行でない運動をするときに, 回転軸に対して垂直な方向に働く力です.

9.2 ターン・テーブル上のボーリング

■問題■ 角速度 ω で回転する，水平でなめらかな円盤の上でボーリングをします．球は円盤上でどのような運動を行うでしょうか．また，球を回転の中心に当てるためには，どのように投げればよいでしょうか．

円盤とともに回転する，円盤上の座標を (X, Y) とします．運動方程式は，

$$m\ddot{X} = 2m\omega\dot{Y} + m\omega^2 X, \tag{9.21}$$

$$m\ddot{Y} = -2m\omega\dot{X} + m\omega^2 Y \tag{9.22}$$

です．複素の力学変数

$$\xi = X + iY \tag{9.23}$$

を考えると，運動方程式は，

$$\ddot{\xi} = -2i\omega\dot{\xi} + \omega^2\xi \tag{9.24}$$

と1つにまとまります．解として，

$$\xi = \alpha e^{i\lambda t} \tag{9.25}$$

を仮定して (9.24) に代入すると，

$$\lambda^2 + 2\omega\lambda + \omega^2 = 0 \tag{9.26}$$

をえます．λ の2次方程式として，重解

$$\lambda = -\omega \tag{9.27}$$

をもちます．したがって，運動方程式の解は

$$\xi = \alpha e^{-i\omega t} \tag{9.28}$$

となりますが，積分定数は複素数 α の1つだけです．2階の微分方程式だった

ので，一般の解には積分定数が 2 つあるはずです．

一般の解を見つけるために，

$$\xi = \alpha(t)e^{-i\omega t} \tag{9.29}$$

という形を仮定します．これを運動方程式 (9.24) に代入すると，

$$\ddot{\alpha} = 0 \tag{9.30}$$

となります．したがって，β, γ を複素数の定数として

$$\alpha(t) = \beta t + \gamma \tag{9.31}$$

です．一般の解

$$\xi = (\beta t + \gamma)e^{-i\omega t} \tag{9.32}$$

がえられました．

$$\beta = A + iC, \tag{9.33}$$

$$\gamma = B + iD \tag{9.34}$$

として，

$$X = (At + B)\cos\omega t + (Ct + D)\sin\omega t, \tag{9.35}$$

$$Y = (Ct + D)\cos\omega t - (At + B)\sin\omega t \tag{9.36}$$

がえられます．

$t = 0$ で $(X, Y) = (d, 0)$ だったとします．ただし，$d > 0$ とします．すると，

$$X = (At + d)\cos\omega t + Ct\sin\omega t, \tag{9.37}$$

$$Y = Ct\cos\omega t - (At + d)\sin\omega t \tag{9.38}$$

となります．

$$X^2 + Y^2 = (At + d)^2 + (Ct)^2 \tag{9.39}$$

に注意すると，$t > 0$ で原点を通過するためには，

$$A < 0, \quad C = 0 \tag{9.40}$$

が必要です. このとき,

$$X = (At + d)\cos\omega t, \tag{9.41}$$

$$Y = -(At + d)\sin\omega t \tag{9.42}$$

で, $t = 0$ での速度は

$$(\dot{X}(0), \dot{Y}(0)) = (A, -\omega d) \tag{9.43}$$

です. したがって, $\omega > 0$ だとすれば, 原点に向かって少し左に投げ, 左方向の速度成分が ωd となるように投げるとよいことになります. (解答終わり)

9.3　フーコーの振り子

<blockquote>
■ **問題** ■　地球上の北緯 θ の地点で振り子を振動させるとき, 地球の自転の影響を考えに入れると, 振り子が多数回振動するうちに, 振動面はどのように変化するでしょうか.
</blockquote>

図 9.1　フーコーの振り子.

　地球の中心を原点として, 振り子のある地点が Z 軸を通るように, 回転座標系 (X, Y, Z) をとりましょう.

　博物館に大きな振り子が展示されていることがあります．フーコーの振り子といって，地球の自転の影響によってコリオリ力を受けながら振動面がゆっくり回転します．だいたいの大きさとしては，振り子の腕の長さ l が $10\,\mathrm{m}$ くらいです．回転座標系の X 軸は東を向くように，Y 軸は北を向くようにとりましょう．

　振り子が止まっている状態を考えましょう．振り子の腕の質量を無視し，おもりの質量を M とすると，おもりにかかる力は，重力

$$\boldsymbol{f}_g = (0, 0, -Mg) \tag{9.44}$$

と振り子の腕の張力 $\boldsymbol{f}_T$ です．その他に，地球の自転のために遠心力が働いています．

　地球の自転の角速度ベクトルは，

$$\boldsymbol{\omega} = (0, \omega\cos\theta, \omega\sin\theta) \tag{9.45}$$

で，

$$\omega \approx \frac{2\pi}{24 \times 3600\,\mathrm{s}} \approx \frac{7.3 \times 10^{-5}}{\mathrm{s}} \tag{9.46}$$

くらいの値です．地球の半径を R とすると，おもりの位置ベクトルは

$$\boldsymbol{a} = (0, 0, R) \tag{9.47}$$

なので，おもりにかかる遠心力は，

$$\boldsymbol{f}_c = -M\boldsymbol{\omega} \times (\boldsymbol{\omega} \times \boldsymbol{a}) = MR\omega^2\cos\theta(0, -\sin\theta, \cos\theta) \tag{9.48}$$

です．この遠心力による加速度は

$$R\omega^2 \approx 3.4 \times 10^{-2}\,\frac{\mathrm{m}}{\mathrm{s}^2} \tag{9.49}$$

程度の大きさなので，重力加速度

$$g \approx 9.8\,\frac{\mathrm{m}}{\mathrm{s}^2} \tag{9.50}$$

より 2 けた小さい量です．おもりはこの遠心力によって平衡の位置がほんの少しだけずれるだけで，振り子はほぼ Z 軸に平行だと考えることができます．

次は振り子の運動を考えます. 振幅が小さいとき, おもりはほぼ水平面内を運動します. ですから, おもりの位置を

$$\boldsymbol{X}(t) = (X(t), Y(t), R) \tag{9.51}$$

としても, よい近似になっています. また, 振り子の復元力は,

$$\Omega = \sqrt{\frac{g}{l}} \tag{9.52}$$

として,

$$\boldsymbol{F} = -M\Omega^2(X, Y, 0) \tag{9.53}$$

だと考えることができます.

コリオリ力は,

$$\boldsymbol{f}_v = -2M\boldsymbol{\omega} \times \dot{\boldsymbol{X}} = 2M\omega(\dot{Y}\sin\theta, -\dot{X}\sin\theta, \dot{X}\cos\theta) \tag{9.54}$$

となります. コリオリ力の Z 方向の成分は, 振り子の張力の増減に寄与します. これによって, 振り子の周期が少しだけ変化するでしょうが, この効果も小さいので無視できます.

この他に, 遠心力

$$\boldsymbol{f}_c = -M\boldsymbol{\omega} \times (\boldsymbol{\omega} \times \boldsymbol{a}) - M\boldsymbol{\omega} \times (\boldsymbol{\omega} \times (X, Y, 0)) \tag{9.55}$$

がかかります. 第1項は, 振り子が平衡の位置にあるときにも働いていたもので, 振り子の平衡点のずれとしてすでに取り込まれています. 振り子の運動に関わるのは第2項ですが, 振り子の復元力やコリオリ力に比べて無視できます.

上のことを考慮すると, 運動方程式は,

$$M\ddot{X} = 2M\omega\sin\theta\,\dot{Y} - M\Omega^2 X, \tag{9.56}$$

$$M\ddot{Y} = -2M\omega\sin\theta\,\dot{X} - M\Omega^2 Y \tag{9.57}$$

となります. あるいは,

$$\omega_Z = \omega\sin\theta \tag{9.58}$$

として,

$$\ddot{X} = 2\omega_Z \dot{Y} - \Omega^2 X, \tag{9.59}$$

$$\ddot{Y} = -2\omega_Z \dot{X} - \Omega^2 Y \tag{9.60}$$

となります．これは，XY-平面上の運動方程式です．XY-平面に対して角速度ω_Zで時計回りに回転する座標系を$(\widetilde{X}, \widetilde{Y})$とします．それは

$$X = \widetilde{X} \cos\omega_Z t - \widetilde{Y} \sin\omega_Z t, \tag{9.61}$$

$$Y = \widetilde{X} \sin\omega_Z t + \widetilde{Y} \cos\omega_Z t \tag{9.62}$$

によってあらわされますが，これを (9.59), (9.60) に代入すると，

$$\ddot{\widetilde{X}} = -(\Omega^2 + \omega_Z^2)\widetilde{X} \approx -\Omega^2 \widetilde{X}, \tag{9.63}$$

$$\ddot{\widetilde{Y}} = -(\Omega^2 + \omega_Z^2)\widetilde{Y} \approx -\Omega^2 \widetilde{Y} \tag{9.64}$$

となります．これは2次元のばねの運動をあらわしています．一般には，$(\widetilde{X}(t), \widetilde{Y}(t))$の軌道は楕円になりますが，往復運動

$$\widetilde{X} = A \sin\Omega t, \tag{9.65}$$

$$\widetilde{Y} = 0 \tag{9.66}$$

の解を考えます．すると，地表面に固定された座標系(X, Y)で見たときは，振動面が角速度$\omega_Z = \omega\sin\theta$で時計回りに回転するような往復運動となります．例えば，北緯$35°$なら1時間で約$8.6°$振動面が時計回りに回転します．
（解答終わり）

9.4　ラグランジュ・ポイント：直線解

　地球は太陽のまわりをまわっていますが，地球と太陽の重力と遠心力がつり合って，動力がなくても地球と太陽に対して止まっていられる点がいくつかあります．このような点を太陽–地球系のラグランジュ・ポイントといいます．SFでもよく出てきます．まず，ラグランジュ・ポイントの直線解とよばれるものを考えてみましょう．

> **■問題■** 質量がそれぞれ M_1, M_2 の天体 1, 2 が，重心 O のまわりを角
> 速度 ω で円運動しています．天体が静止して見える回転座標系で，天体か
> らの重力と遠心力がつり合って，そこに置かれた人工天体が平衡を保って
> いられる点がいくつかあります．そのような点をラグランジュ・ポイント
> といいますが，それらのうち，天体 1 と天体 2 の結ぶ直線上にあるものを
> 探してみましょう．

　人工天体の質量を m としましょう．これは天体の質量に比べて無視できる
ほど小さいとします．人工天体のつくる重力は，原理的には天体の運動に影響
するはずですが，そのような効果は無視できると考えます．つまり人工天体
を，テスト粒子として扱います．

　天体の軌道面を xy-平面にとります．それぞれの天体は，共通の重心 O のま
わりを円運動しますが，O を xy-平面の原点にとっておきます．これに対して
角速度 ω で回転する座標系を (X, Y) とすると，静止系 (x, y) とは

$$x = X \cos \omega t - Y \sin \omega t, \tag{9.67}$$

$$y = X \sin \omega t + Y \cos \omega t \tag{9.68}$$

の関係にあります．

　天体 1 と 2 の間の距離を d とします．また，天体 1, 2 はともに回転座標系の
X 軸上にあるとしてよいです．それらを位置ベクトル $\boldsymbol{X}_1$, $\boldsymbol{X}_2$ であらわすこ
とにすると，回転座標系では

$$\boldsymbol{X}_1 = (-b, 0), \qquad \left(b = \frac{M_2}{M_1 + M_2} d \right) \tag{9.69}$$

$$\boldsymbol{X}_2 = (a, 0) \qquad \left(a = \frac{M_1}{M_1 + M_2} d \right) \tag{9.70}$$

という定数ベクトルになります．天体 2 にかかる遠心力と重力とのつり合い
の式

$$M_2 a \omega^2 = \frac{G M_1 M_2}{d^2} \tag{9.71}$$

より，角速度 ω と天体間距離 d との間の関係式

$$\omega^2 = \frac{GM_1}{ad^2} = \frac{G(M_1 + M_2)}{d^3} \tag{9.72}$$

がえられます.

　質量 m の人工天体は位置ベクトル $\boldsymbol{X} = (X, Y)$ の点に静止しているとします. 回転座標系で静止しているので,$\boldsymbol{X} \neq \boldsymbol{0}$ のとき遠心力

$$\boldsymbol{f}_c = m\|\boldsymbol{X}\|\,\omega^2 \cdot \frac{\boldsymbol{X}}{\|\boldsymbol{X}\|} = m\omega^2\boldsymbol{X} = (m\omega^2 X, m\omega^2 Y) \tag{9.73}$$

を受けます. また, 天体 1 からは重力

$$\begin{aligned}
\boldsymbol{f}_1 &= -\frac{GM_1 m}{\|\boldsymbol{X} - \boldsymbol{X}_1\|^3}(\boldsymbol{X} - \boldsymbol{X}_1) \\
&= -\frac{GM_1 m}{d_1^3}(X + b, Y), \qquad (d_1 = \sqrt{(X + b)^2 + Y^2})
\end{aligned} \tag{9.74}$$

を, 天体 2 からも重力

$$\begin{aligned}
\boldsymbol{f}_2 &= -\frac{GM_2 m}{\|\boldsymbol{X} - \boldsymbol{X}_2\|^3}(\boldsymbol{X} - \boldsymbol{X}_2) \\
&= -\frac{GM_2 m}{d_2^3}(X - a, Y), \qquad (d_2 = \sqrt{(X - a)^2 + Y^2})
\end{aligned} \tag{9.75}$$

を受けます.

　人工天体が平衡点にいるという条件は

$$\boldsymbol{f}_1 + \boldsymbol{f}_2 + \boldsymbol{f}_c = \boldsymbol{0} \tag{9.76}$$

で, 成分ごとにみると,

$$\frac{GM_1}{d_1^3}(X + b) + \frac{GM_2}{d_2^3}(X - a) - \omega^2 X = 0, \tag{9.77}$$

$$\left(\frac{GM_1}{d_1^3} + \frac{GM_2}{d_2^3} - \omega^2\right) Y = 0 \tag{9.78}$$

となります. これが, ラグランジュ・ポイントを決める基本的な式です. ただし,

$$a = \frac{M_1}{M_1 + M_2}d, \tag{9.79}$$

$$b = \frac{M_2}{M_1 + M_2}d, \tag{9.80}$$

$$\omega^2 = \frac{G(M_1 + M_2)}{d^3}, \tag{9.81}$$

$$d_1 = \sqrt{(X + b)^2 + Y^2}, \tag{9.82}$$

$$d_2 = \sqrt{(X - a)^2 + Y^2} \tag{9.83}$$

です．

　まず，X 軸上のラグランジュ・ポイントを求めてみましょう．天体 1, 2 と人工天体が一直線上にある場合です．$Y = 0$ とすると，式 (9.78) はみたされます．このとき，式 (9.77) は

$$\frac{GM_1|X + b|}{(X + b)^3} + \frac{GM_2|X - a|}{(X - a)^3} - \frac{G(M_1 + M_2)X}{d^3} = 0 \tag{9.84}$$

となり，これを X について解けばよいです．絶対値が入っているので，3 つの場合：(i) $-b < X < a$，(ii) $X > a$，(iii) $X < -b$，に分けて考える必要があります．ここでは (i) の場合，つまり人工天体が天体 1 と天体 2 の間にあるときを考えてみます．このとき (9.84) は，

$$f(X) := \frac{M_1}{(X + b)^2} - \frac{M_2}{(X - a)^2} - \frac{(M_1 + M_2)X}{d^3} = 0 \tag{9.85}$$

となりますが，X の 5 次方程式なので一般には手で解けません．そこで，

$$M_2 = \epsilon M_1, \qquad (\epsilon \ll 1) \tag{9.86}$$

の場合を考えましょう．天体 2 の質量が天体 1 に比べて十分小さいときです．式 (9.84) を ϵ についてテイラー展開すると，

$$f(X) = f_0(X) + f_1(X)\epsilon + \cdots = 0, \tag{9.87}$$

$$f_0(X) = \frac{M_1}{d^3 X^2}(d^3 - X^3),$$

$$f_1(X) = -M_1\left(\frac{X}{d^3} + \frac{1}{(X - d)^2} + \frac{2d}{X^3}\right),$$

$$\vdots$$

となります．ϵ の 0 次の項だけ考えると，$X = d$ が近似解をあたえます．そこで，解の精度をあげるために

$$X = d + \alpha\epsilon \tag{9.88}$$

という形の近似解を探してみましょう. やってみればわかりますが, これはうまくいきません. うまくいかない理由は, 0次の解 $X = d$ が3重解になっていることにあります. そこで,

$$X = d + \alpha\epsilon^{1/3} \tag{9.89}$$

という形の近似解を探すことになります. このとき, 式 (9.84) を $\epsilon^{1/3}$ についてテイラー展開すると,

$$f(d + \alpha\epsilon^{1/3}) = -\frac{M_1}{\alpha^2 d^3}(d^3 + 3\alpha^3)\epsilon^{1/3} + \cdots = 0 \tag{9.90}$$

となります. したがって,

$$\alpha = -3^{-1/3}d \tag{9.91}$$

が近似解をあたえます. このラグランジュ・ポイントは, 一般的に L_1 とよばれていて,

$$L_1 \approx \left(\left(1 - \sqrt[3]{\frac{M_2}{3M_1}}\right)d, 0\right) \tag{9.92}$$

という点になります. 今考えているのは, 天体1のまわりを天体2が円運動しているとみなせる状況なので, L_1 は天体2より少しだけ内側の平衡点をあらわしていることになります. 天体1が太陽, 天体2が地球だとすると,

$$M_1 \approx 2.0 \times 10^{30} \text{ kg}, \tag{9.93}$$

$$M_2 \approx 6.0 \times 10^{24} \text{ kg}, \tag{9.94}$$

$$d \approx 1.5 \times 10^{11} \text{ m} \tag{9.95}$$

なので, 太陽に向かって

$$\sqrt[3]{\frac{M_2}{3M_1}}d \approx 1.5 \times 10^6 \text{ km} \tag{9.96}$$

だけ上空に L_1 があることになります. これはだいたい月より4倍離れた点です.

(ii) $X > a$ の場合は，

$$g(X) := \frac{M_1}{(X+b)^2} + \frac{M_2}{(X-a)^2} - \frac{(M_1+M_2)X}{d^3}$$
$$= \frac{M_1}{d^3 X^2}(d^3 - X^3) - M_1 \left(\frac{X}{d^3} - \frac{1}{(X-d)^2} + \frac{2d}{X^3} \right) \epsilon + \cdots = 0$$

$$(9.97)$$

を解けばよく，

$$L_2 \approx \left(\left(1 + \sqrt[3]{\frac{M_2}{3M_1}} \right) d, 0 \right)$$

$$(9.98)$$

が L_2 とよばれるラグランジュ・ポイントをあたえます．ですから，L_1 と L_2 は天体 2 からだいたい同じ距離のところにあります．

(iii) $X < -b$ の場合は，

$$h(X) := -\frac{M_1}{(X+b)^2} - \frac{M_2}{(X-a)^2} - \frac{(M_1+M_2)X}{d^3}$$
$$= -\frac{M_1}{d^3 X^2}(d^3 + X^3) - M_1 \left(\frac{X}{d^3} + \frac{1}{(X-d)^2} - \frac{2d}{X^3} \right) \epsilon + \cdots = 0$$

$$(9.99)$$

を解けばよく，

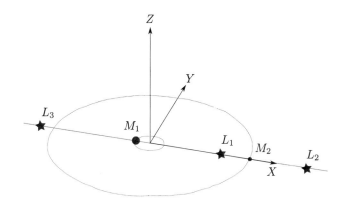

図 9.2 ラグランジュ・ポイント L_1, L_2, L_3.

$$h(-d + \alpha\epsilon^{1/3}) = -\frac{3M_1\alpha}{d^3}\epsilon^{1/3} + \cdots \tag{9.100}$$

より,

$$L_3 \approx (-d, 0) \tag{9.101}$$

が L_3 とよばれるラグランジュ・ポイントをあたえます. これは, 天体1に関して天体2のだいたい反対側のところにあります. （解答終わり）

9.5　ラグランジュ・ポイント：トロヤ解

ラグランジュ・ポイントは, 前節のような直線解の他にもあって, トロヤ解とよばれています.「トロヤ」とか「トロイア」などといいますが, ギリシャ神話の最後の方に出てくるトロイア戦争の舞台となった古代都市のことです. トルコのチャナッカレというエーゲ海に面した都市の近くで実際にあったかもしれない戦争です. 太陽－木星系のトロヤ解のまわりには, 小惑星がたくさんあって, それらの名前は, パリス, アガメムノン, アキレウス, オデュッセウス, …とトロイア戦争の登場人物のものになっています.

> ■問題■ ラグランジュ・ポイントの直線解以外の解を求めてください.

前節の, ラグランジュ・ポイントのしたがう連立方程式 (9.77), (9.78) は, $Y \neq 0$ とすると,

$$\frac{GM_1}{d_1^3}(X + b) + \frac{GM_2}{d_2^3}(X - a) - \omega^2 X = 0, \tag{9.102}$$

$$\frac{GM_1}{d_1^3} + \frac{GM_2}{d_2^3} - \omega^2 = 0 \tag{9.103}$$

となります. これは,

$$\begin{pmatrix} M_1(X + b) & M_2(X - a) \\ M_1 & M_2 \end{pmatrix} \begin{pmatrix} 1/d_1^3 \\ 1/d_2^3 \end{pmatrix} = \frac{\omega^2}{G} \begin{pmatrix} X \\ 1 \end{pmatrix} \tag{9.104}$$

という形をしているので，

$$\left(\begin{array}{c} 1/d_1^3 \\ 1/d_2^3 \end{array} \right) = \frac{\omega^2}{GM_1M_2(a+b)} \left(\begin{array}{cc} M_2 & -M_2(X-a) \\ -M_1 & M_1(X+b) \end{array} \right) \left(\begin{array}{c} X \\ 1 \end{array} \right)$$

$$= \frac{M_1+M_2}{M_1M_2d^4} \left(\begin{array}{c} M_2a \\ M_1b \end{array} \right) = \left(\begin{array}{c} 1/d^3 \\ 1/d^3 \end{array} \right) \tag{9.105}$$

となります．したがって，

$$d_1 = d_2 = d \tag{9.106}$$

となる点が直線解以外のラグランジュ・ポイントだということになります．これをみたすのは，天体1と天体2を頂点にもつ正3角形の残りの頂点で，そのような点は2つあります．$M_1 > M_2$ のとき，天体1を主星，天体2を伴星といいますが，伴星の運動に対して先行する方のラグランジュ・ポイントを L_4，遅れてついてくる方のラグランジュ・ポイントを L_5 とよびます．つまり，

$$L_4 = \left(\frac{a-b}{2}, \frac{\sqrt{3}(a+b)}{2} \right) = \left(\frac{M_1-M_2}{2(M_1+M_2)}d, \frac{\sqrt{3}}{2}d \right), \tag{9.107}$$

$$L_5 = \left(\frac{a-b}{2}, -\frac{\sqrt{3}(a+b)}{2} \right) = \left(\frac{M_1-M_2}{2(M_1+M_2)}d, -\frac{\sqrt{3}}{2}d \right) \tag{9.108}$$

となります．これらをトロヤ解といいます．　　　　　　　（解答終わり）

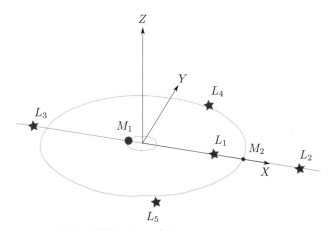

図 9.3　ラグランジュ・ポイント L_1, L_2, L_3, L_4, L_5.

第 10 章

力のつり合い

　力学の問題を解いていきましょう．ここでは静力学，つまり物体に働く力が
うまくつり合って，静止している状態について考えていきます．最初は，おな
じみの斜面の問題から．一緒に考えてみましょう．

10.1　斜面をすべらない条件

> ■ 問題 ■　図 10.1 のように，左右両側に傾斜のついた斜面があり，どち
> らの傾斜角も θ だとします．左の斜面には質量 M の物体，右の斜面には
> 質量 m の物体が置いてあり，これら 2 つの物体はロープでつながれていま
> す．これらの質量の間には，$m > M$ の関係があります．また，物体と斜
> 面の間の静止摩擦係数を μ_0 とし，$\mu_0 < \tan\theta$ の関係が成り立っています．
> ロープがたるみなく張られている状態で，2 つの物体が斜面をすべること
> なく静止しているためには，2 つの物体の質量 m と M の間にはどのよう
> な関係が成り立っていなければならないでしょうか．

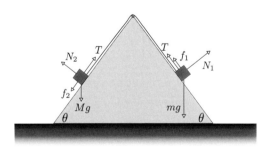

図 10.1　ロープでつながれている 2 つの物体．

　右側の質量 m の物体のつり合いの条件を考えましょう. $\mu_0 < \tan\theta$ という条件は, ロープにつながれていなければ, 物体はすべりだしてしまうほど, 摩擦力は小さいことを意味していることに注意しましょう.

　物体が斜面に垂直な方向のつり合いの条件から, 垂直抗力 N_1 が

$$N_1 = mg\cos\theta \tag{10.1}$$

と求まります. 摩擦力は, 物体が斜面からすべり落ちるのをひきとめる方向に働きますが, その大きさを f_1 とします. ロープの張力を T とすると, 斜面方向のつり合いの式は,

$$f_1 + T = mg\sin\theta \tag{10.2}$$

となります. 物体がすべらない条件は,

$$f_1 \leq \mu_0 N_1 \tag{10.3}$$

ですが, これは張力 T に対して

$$T \geq mg(\sin\theta - \mu_0\cos\theta) \tag{10.4}$$

という条件をあたえます. 右辺は正なので, 張力がその値に達しなければ, 物体はすべりだしてしまうことを意味します.

　次に, ロープのもう一方の端につながれている質量 M の物体のつり合いの条件を考えます. 垂直抗力を N_2, 摩擦力は斜面を下る方向を正として f_2 だとします. つまり, 斜面を下る方向に働いていれば $f_2 > 0$, 登る方向なら $f_2 < 0$ だと考えます. まず, 斜面と垂直な方向のつり合いの条件から,

$$N_2 = Mg\cos\theta \tag{10.5}$$

が求まります. 斜面方向のつり合いの式は,

$$f_2 + Mg\sin\theta = T \tag{10.6}$$

です. 物体がすべらないためには,

$$-\mu_0 N_2 \leq f_2 \leq \mu_0 N_2 \tag{10.7}$$

となっていなければなりません。この条件は，

$$T \geq Mg(\sin\theta - \mu_0 \cos\theta), \tag{10.8}$$

$$T \leq Mg(\sin\theta + \mu_0 \cos\theta) \tag{10.9}$$

という2つの条件をあたえます。

　張力 T に対する3つの条件 (10.4), (10.8), (10.9) が出てきました。これらが同時にみたされることが許されればよいです。ただ，条件 (10.8) は条件 (10.4) がみたされていれば，自動的にみたされるので，外して考えてもよいです。すると，結局

$$mg(\sin\theta - \mu_0 \cos\theta) \leq T \leq Mg(\sin\theta + \mu_0 \cos\theta) \tag{10.10}$$

が T に課される条件ということになります。

　この条件をみたす T が存在すればよいですから，

$$mg(\sin\theta - \mu_0 \cos\theta) \leq Mg(\sin\theta + \mu_0 \cos\theta), \tag{10.11}$$

すなわち

$$\frac{m}{M} \leq \frac{\tan\theta + \mu_0}{\tan\theta - \mu_0} \tag{10.12}$$

が求める条件となります。　　　　　　　　　　　　　　　　（解答終わり）

　この問題は，数式自体は簡単ですが，それらの意味するところを読み解くのが難しいです。最後の結果は，質量の比が斜面の傾斜角 θ と静止摩擦係数 μ_0 で決まるある値以上になると，物体がすべりだしてしまうということです。なお，張力 T の許される値は (10.10) であたえられる範囲にあればよいので，一意的には求まらないというところも面白いです。実際には，ロープを伸び縮みする硬いゴムひものように考えると，2つの物体の置き方によってロープの微妙な長さが変わるので，そのときのロープの長さによって張力が決まるようになっているでしょう。

10.2 床をすべらない条件

次は，斜めに引っ張られている物体と床の間に摩擦が働いているときに，物体がすべらないでいるための条件を求めてください．

問題 図 10.2 のように，床の上に質量 m の小物体が置かれています．床には高さ h の柱が立っており，柱の上部には滑車が取りつけられています．小物体はロープが取りつけられていて，ロープのもうひとつの端には，滑車を介して質量 M の物体がぶら下がっています．小物体と床の間の静止摩擦係数を $\mu_0 < 1$ とし，$\mu_0 m < M < m$ という関係があるとします．さて，小物体が床をすべらずに静止しているためには，柱と小物体の間の距離 x はどの範囲になければならないでしょうか．

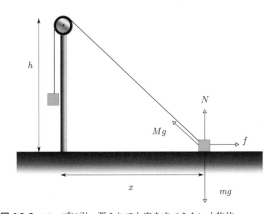

図 10.2 ロープに引っ張られても床をすべらない小物体．

ロープと床のなす角を θ とします．すると，

$$\sin\theta = \frac{h}{\sqrt{x^2 + h^2}}, \tag{10.13}$$

$$\cos\theta = \frac{x}{\sqrt{x^2 + h^2}} \tag{10.14}$$

の関係があります.

小物体に関する力のつり合いの条件は,水平方向に関して

$$N + Mg\sin\theta - mg = 0 \tag{10.15}$$

です.ただし,N は垂直抗力です.これから,

$$N = mg - Mg\sin\theta \tag{10.16}$$

と求まります.水平方向のつり合いの式は,

$$f - Mg\cos\theta = 0 \tag{10.17}$$

です.ただし,f は摩擦力です.これから,

$$f = Mg\cos\theta \tag{10.18}$$

です.

静止摩擦係数が μ_0 だということから,

$$f \le \mu_0 N \tag{10.19}$$

が成り立つ必要があります.これは,

$$Mg\cos\theta \le \mu_0(mg - Mg\sin\theta) \tag{10.20}$$

をあたえます.関係式 (10.13), (10.14) を代入して整理すると,

$$M(x + \mu_0 h) \le \mu_0 m\sqrt{x^2 + h^2} \tag{10.21}$$

となります.

この不等式は,x が十分大きいときにはみたされません.また,x が十分小さいときにはみたされています.したがって,どこかに不等式がみたされるかみたされないかの境目があるはずです.それを求めてみましょう.そこでは,等式

$$M(x + \mu_0 h) = \mu_0 m\sqrt{x^2 + h^2} \tag{10.22}$$

が成り立つはずです.両辺を 2 乗すると,x についての 2 次方程式

$$(M^2 - \mu_0^2 m^2)x^2 + 2\mu_0 M^2 hx - \mu_0^2(m^2 - M^2)h^2 = 0 \tag{10.23}$$

となります．これは，異なる2つの実数解をもち，そのうち一方が正になっていて，

$$x = x_0 := \frac{m\sqrt{(1 + \mu_0^2)M^2 - \mu_0^2 m^2} - M^2}{M^2 - \mu_0^2 m^2}\mu_0 h \tag{10.24}$$

であたえられます．したがって，

$$0 \leq x \leq x_0 \tag{10.25}$$

のとき，小物体は床をすべらずに静止していられることになります．

（解答終わり）

　そんなに難しくなかったと思いますが，正確に計算できたでしょうか．式が少し複雑でしたが，物理量の次元に注意する習慣をつけていると，ミスしにくくなります．

10.3　10円玉の積み方

　10円玉を積み上げて遊んだことがあるでしょうか．少しずつずらしながら積み上げるの，意外と難しくてすぐに崩れてしまいます．上に積み上げていくより，10円玉を下からはさんでいきながら高くする方がうまくいきます．そのことを知っていると，次は考えやすいです．

> ■■■問題■■■　10円玉を水平な床に積み上げていきます．1枚ごとに少しずつずらして積み上げるとき，一番下の10円玉に対して横に1.5枚分ずらすには，10円玉が最低何枚必要でしょうか．

　10円玉を積んでいきます．最終的に何枚積むのかなど，計画的に積んでいかないと，途中で崩れてしまうでしょう．一番上から1枚ずつ下に向かって積んでいくことを想像すると，考えやすいです．

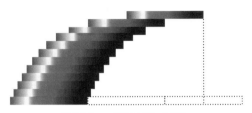

図 10.3 10 円玉を積み上げる.

10 円玉の質量を m, 直径を d とします. 10 円玉に番号を振って, それらを $J_1, J_2, \ldots$ とよぶことにしましょう. まず J_1 を J_2 の上に積みます. 積める条件は, J_1 の重心が J_2 の上にあることです. したがって, J_1 は J_2 の上に $d/2$ だけずらしてのせることができます. これから同様な手順を繰り返しますが, ずらす方向はいつも同じで, 例えばいつも右方向にずらすとしましょう.

こうして J_2 の上に右に $d/2$ だけずらした位置に J_1 がのっています. このひとかたまりを K_2 とよぶことにします. K_2 の質量は $2m$ で, 重心は J_2 の中心から $d/4$ だけ右の位置にあります. したがって, K_2 を J_3 の上に $d/4$ だけ右にずらしてのせることができ, こうしてできるひとかたまりを K_3 とよぶことにします.

K_3 の質量は $3m$ です. J_3 の中心を基準点にすると, K_3 の重心の位置は

$$\frac{m \times 0 + 2m \times (d/2)}{m + 2m} = \frac{d}{3} \tag{10.26}$$

だけ右側にあります. したがって, K_3 は J_4 の上に $d/6$ だけずらすことができます.

これを一般化しましょう. 上のように, 最大限右にずらして積んでいった i 枚の 10 円玉のかたまりを K_i とします. K_i の質量は im で, 重心の位置は, 一番下の J_i の中心から

$$\frac{m \times 0 + (i-1)m \times (d/2)}{m + (i-1)m} = \frac{(i-1)d}{2i} \tag{10.27}$$

だけ右側の位置にあります. これは, K_i のつくり方を考えるとわかります. K_i は, 1 枚の 10 円玉 J_i の上に, K_{i-1} をのせてできます. このとき, K_{i-1} の重心が一番下の 10 円玉のできるだけ右側, それは中心から $d/2$ だけ右にずらした点, の上にくるようにしています. そうすると, (10.27) の左辺の意味が

わかります.

このことから, K_i は J_{i+1} の上に

$$\Delta x_i = \frac{d}{2} - \frac{(i-1)d}{2i} = \frac{d}{2i} \tag{10.28}$$

だけずらしてのせることになります.

したがって, このようにして n 枚積んだ時点で, 一番上の J_1 は, 一番下の J_n に対して

$$x_n = \sum_{i=1}^{n-1} \Delta x_i = \frac{d}{2}\left(1 + \frac{1}{2} + \frac{1}{3} + \cdots + \frac{1}{n-1}\right) \tag{10.29}$$

だけ右側にずれています. x_n は n を大きくとればいくらでも大きくなりますが, n が大きいとき

$$1 + \frac{1}{2} + \frac{1}{3} + \cdots + \frac{1}{n} \approx \gamma + \log n \tag{10.30}$$

という近似が成り立っていて, n に対して非常にゆっくりとしか大きくなりません. ここで,

$$\gamma \approx 0.577 \tag{10.31}$$

はオイラーの定数とよばれるものです.

和を具体的に計算すると,

$$x_{11} < 1.5d < x_{12} \tag{10.32}$$

となっていることがわかります. したがって, 12枚が答えです. (解答終わり)

10.4　両端でぶら下がっている鎖

今までの問題は, 高校物理の知識だけでも解けるものでしたが, 次は, 少し本格的なものです. 微分方程式をたてて, それを解くというタイプのものです. 基本的な考え方は, 高校物理とそう変わらないですので, 積極的に数学の手法を使っていくことに慣れていきましょう.

■ 問題 ■ 長さ l の鎖の両端を天井に留めてぶら下げました．鎖の形はどのようになるでしょうか．

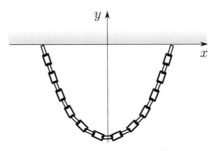

図 10.4 ぶら下がっている鎖．

鎖の質量は M で，鎖は一定の質量線密度 M/l をもっていると考えます．質量線密度というのは，直線，あるいは曲線状の物体の，単位長さあたりの質量のことで，曲線の微小区間の質量をその長さで割ったものです．

鎖は鉛直面内にとどまっていますので，それを xy-平面にとります．天井に沿って x 軸をとり，鉛直上向きに y 軸をとります．鎖の形は左右対称となるので，y 軸は鎖の最下点を通るようにしておきます．

鎖の形を，固有長 s をパラメーターとして，$\boldsymbol{x}(s) = (x(s), y(s))$ とあらわします．ただし，鎖の最下点を $s = 0$ にとり，パラメーターの範囲を $-l/2 \leq s \leq l/2$ とします．

鎖の微小な区間 $\boldsymbol{x}(s)$ と $\boldsymbol{x}(s + \Delta s)$ に対してつり合いの式をたててみましょう．この部分の鎖の質量は

$$\frac{M \Delta s}{l} \tag{10.33}$$

ですから，ここにかかる重力は

$$\boldsymbol{F}_g = \left(0, -\frac{Mg \Delta s}{l}\right) \tag{10.34}$$

です．

これとつり合うのは，鎖の張力です．張力の大きさを $T(s)$ だとしましょう．

張力は鎖の接線方向に働くので，鎖の微小区間の左端には

$$-T(s)\boldsymbol{x}'(s) = -T(s)(x'(s), y'(s)), \tag{10.35}$$

右端には

$$T(s + \Delta s)\boldsymbol{x}'(s + \Delta s) = T(s + \Delta s)(x'(s + \Delta s), y'(s + \Delta s)) \tag{10.36}$$

だけ張力が働いています．つり合いの式は，

$$T(s + \Delta s)\boldsymbol{x}'(s + \Delta s) - T(s)\boldsymbol{x}'(s) = -\boldsymbol{F}_g \tag{10.37}$$

です．成分ごとには，

$$T(s + \Delta s)x'(s + \Delta s) - T(s)x'(s) = 0, \tag{10.38}$$

$$T(s + \Delta s)y'(s + \Delta s) - T(s)y'(s) = \frac{Mg\Delta s}{l} \tag{10.39}$$

です．それぞれの式を Δs で割って $\Delta s \to 0$ とすると，

$$\frac{d}{ds}(Tx') = 0, \tag{10.40}$$

$$\frac{d}{ds}(Ty') = \frac{Mg}{l} \tag{10.41}$$

という微分方程式になります．まず，(10.40) より，

$$T(s)x'(s) = T_0 \tag{10.42}$$

です．最下点で $x'(0) = 1$ ですから，T_0 は最下点での鎖の張力のことです．次に，(10.41) より，

$$T(s)y'(s) = \frac{Mg}{l}s \tag{10.43}$$

をえます．積分定数は鎖の最下点での $y'(0) = 0$ という条件から決められています．

これらから，T を消去すると，

$$y'(s) = \frac{Mg}{T_0 l}sx'(s) \tag{10.44}$$

をえます．s が固有長だという条件

$$(x'(s))^2 + (y'(s))^2 = 1 \tag{10.45}$$

に代入すると,

$$\frac{dx}{ds} = \frac{1}{\sqrt{1 + \left(\frac{Mg}{T_0 l}\right)^2 s^2}} \tag{10.46}$$

となります. 積分すると,

$$\begin{aligned}
x &= \int_0^s \frac{du}{\sqrt{1 + \left(\frac{Mg}{T_0 l}\right)^2 u^2}} \\
&= \int_{\xi=0}^{\xi=\mathrm{arsinh}\,\frac{Mgs}{T_0 l}} \frac{d\left(\frac{T_0 l}{Mg}\sinh\xi\right)}{\sqrt{1 + \left(\frac{Mg}{T_0 l}\right)^2 \left(\frac{T_0 l}{Mg}\sinh\xi\right)^2}} \\
&= \frac{T_0 l}{Mg}\,\mathrm{arsinh}\,\frac{Mgs}{T_0 l} \tag{10.47}
\end{aligned}$$

と求まります.

また, (10.44) より

$$\frac{dy}{dx} = \frac{y'(s)}{x'(s)} = \frac{Mgs}{T_0 l} = \sinh\frac{Mgx}{T_0 l} \tag{10.48}$$

ですから,

$$y = \frac{T_0 l}{Mg}\cosh\frac{Mgx}{T_0 l} + C \tag{10.49}$$

となります.

鎖の両端は $s = \pm l/2$ で,

$$x = \pm\frac{T_0 l}{Mg}\,\mathrm{arsinh}\,\frac{Mg}{2T_0} \tag{10.50}$$

となっています. このとき $y = 0$ ですが, (10.49) より

$$\begin{aligned}
y &= \frac{T_0 l}{Mg}\sqrt{1 + \sinh^2\frac{Mgx}{T_0 l}} + C \\
&= \frac{T_0 l}{Mg}\sqrt{1 + \left(\frac{Mg}{2T_0}\right)^2} + C \tag{10.51}
\end{aligned}$$

より，積分定数 C が

$$C = -\frac{T_0 l}{Mg}\sqrt{1 + \left(\frac{Mg}{2T_0}\right)^2} \tag{10.52}$$

と求まり，最終的に

$$y = L\left(\cosh\frac{x}{L} - \sqrt{1 + \left(\frac{l}{2L}\right)^2}\right), \qquad \left(L := \frac{T_0}{Mg}l > 0\right) \tag{10.53}$$

が求める曲線の式となります．この曲線を懸垂曲線といいます．

　鎖の各部分での張力を求めておきましょう．式 (10.42), (10.46) より，

$$T(s) = \frac{T_0}{x'(s)} = T_0\sqrt{1 + \left(\frac{Mg}{T_0 l}\right)^2 s^2} \tag{10.54}$$

です．天井にぶら下がっているところ，つまり $s = \pm l/2$ では，

$$T\left(\pm\frac{l}{2}\right) = T_0\sqrt{1 + \left(\frac{Mg}{2T_0}\right)^2} \tag{10.55}$$

となります．　　　　　　　　　　　　　　　　　　　　　　　（解答終わり）

　T_0 はいくらでも大きくなれるというところが面白いです．鎖をいくら強く引っ張っても完全に水平にはできないことを意味しています．

10.5　アルキメデスの原理

　水中の物体には，その体積と同じ水の分だけ浮力が働くことは知っていると思います．なぜ，そうなるのか考えたことはあるでしょうか．特殊な状況でこのことを示すのは簡単ですが，それからさらに，一般の状況ではどうなるのか，という疑問が出てきます．発散定理を応用すると，この法則は一般的に示せます．

問題　水中にある物体に働く浮力は，物体の押しのけた水の重さに等しいという「アルキメデスの原理」を一般的に示してください．

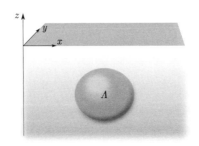

図 10.5　水中にある物体.

この問題は，物体が例えば直方体で，水平を保ったまま水中にあるときは初等的に示すことができます．

大気圧を P_0，水の質量密度を ρ とすると，水圧は深さ d の関数

$$P(d) = P_0 + \rho g d \tag{10.56}$$

です．

物体の底面積が S で，高さが h だったとします．物体の上面の深さが a だとすると，物体にかかる浮力は

$$F = P(a+h)S - P(a)S = \rho g h S \tag{10.57}$$

です．これは物体の押しのけた水の重さと一致しています．「重さ」というのは，物体の受ける重力のことです．

問題は，物体が一般の形をしている場合です．水面を xy-平面とし，鉛直上向きの方向に z 軸をとります．物体は水中にあるとし，物体のしめる領域を Λ と書きます．物体の表面，つまり Λ の境界を Σ とします．また，Σ 上の外向きの法線ベクトル場を $\boldsymbol{n}$ とします．

水圧は z のみの関数

$$P(z) = P_0 - \rho g z \tag{10.58}$$

です. 物体の表面 Σ の微小面積 dS にかかる, 水による力は

$$-P(z)\boldsymbol{n}\ dS \tag{10.59}$$

です. これの z 成分は, $\boldsymbol{e}_z = (0,0,1)$ との内積をとればよくて,

$$-P(z)\boldsymbol{e}_z \cdot \boldsymbol{n}\ dS \tag{10.60}$$

です. これを Σ 上で積分したもの

$$F_z = -\int_{\Sigma} P(z)\boldsymbol{e}_z \cdot \boldsymbol{n}\ dS \tag{10.61}$$

が浮力の z 成分です. 4.11 節の発散定理を用いると,

$$
\begin{aligned}
F_z &= -\int_{\Lambda} \nabla \cdot (P(z)\boldsymbol{e}_z)\ dxdydz \\
&= -\int_{\Lambda} \nabla \cdot (0,0,P_0 - \rho gz)\ dxdydz \\
&= \rho g \int_{\Lambda} dxdydz = \rho gV
\end{aligned} \tag{10.62}
$$

となります. ただし V は Λ の体積, つまり物体の体積です.

浮力が水平方向に働かないこともみておきましょう. x 成分について同様に考えて,

$$F_x = -\int_{\Sigma} P(z)\boldsymbol{e}_x \cdot \boldsymbol{n}\ dS \tag{10.63}$$

ですが, 発散定理を使うと,

$$
\begin{aligned}
F_x &= -\int_{\Sigma} \nabla \cdot (P(z)\boldsymbol{e}_x)dxdydz \\
&= -\int_{\Sigma} \nabla \cdot (P(z),0,0)dxdydz = 0
\end{aligned} \tag{10.64}
$$

となります. もちろん同様に

$$F_y = 0 \tag{10.65}$$

です. （解答終わり）

第11章

一様重力での運動

　斜方投射では，理想的な場合，軌道は放物線になります．実際には放物線というわけにはいきません．地球が丸いので，厳密には放物線ではなくて，楕円の一部になっているはずですが，そのことより，空気があることによる効果の方が心配です．

　ボールを投げると，空気抵抗が働きます．ここでは，それを考慮するとどうなるのか，考えてみましょう．

11.1　斜方投射の軌道面積

　最初は，ウォーミングアップとして，空気抵抗のない場合の問題です．微積分の手法を使ってください．

> ■問題■　地上からボールを一定の速さで投げるとき，ボールの軌道と水平面に囲まれる部分の面積をなるべく大きくするには，どの方向に投げればよいでしょうか．

　水平方向に x 軸，鉛直上向き方向に y 軸をとり，水平面を $y = 0$ とします．運動方程式は，

$$\ddot{x} = 0, \tag{11.1}$$

$$\ddot{y} = -mg \tag{11.2}$$

です．初期条件を

$$(x(0), y(0)) = (0, 0), \tag{11.3}$$

$$(\dot{x}(0), \dot{y}(0)) = (v \cos\theta, v \sin\theta) \tag{11.4}$$

として解くと,

$$y = vt \sin\theta - \frac{g}{2}t^2, \tag{11.5}$$

$$x = vt \cos\theta \tag{11.6}$$

となります. したがって, 軌道は

$$y = x \tan\theta - \frac{gx^2}{2v^2(\cos\theta)^2} \tag{11.7}$$

となります. これを,

$$0 \le x \le \frac{2v^2 \sin\theta \cos\theta}{g} \tag{11.8}$$

で積分すれば, 軌道と水平面とに囲まれる部分の面積 A が出ます. θ の関数として,

$$\begin{aligned}
A(\theta) &= \int_0^{(2v^2/g)\sin\theta\cos\theta} \left[x\tan\theta - \frac{gx^2}{2v^2(\cos\theta)^2} \right] dx \\
&= \frac{2v^4(\sin\theta)^3 \cos\theta}{3g^2}
\end{aligned} \tag{11.9}$$

となります. これは, $\theta = \pi/3$ のとき, 最大値

$$A\left(\frac{\pi}{3}\right) = \frac{\sqrt{3}v^4}{8g^2} \tag{11.10}$$

をとります. （解答終わり）

11.2 粘性抵抗のある斜方投射

■■問題■■ 比例定数 k で速度に比例する抵抗が働く粒子の一様重力下での運動を考えます. 軌道はどのような形になるでしょうか.

物体の大きさが小さく，ゆっくり運動するときには，空気抵抗は速さに比例しています．14.5 節で扱いますが，粘性抵抗といいます．

粒子の速度が

$$\boldsymbol{v} = (\dot{x}, \dot{y}) \tag{11.11}$$

のとき，粒子に働く抵抗は

$$\boldsymbol{F} = -k\boldsymbol{v} = (-k\dot{x}, -k\dot{y}) \tag{11.12}$$

です．したがって，運動方程式は

$$m\ddot{x} = -k\dot{x}, \tag{11.13}$$

$$m\ddot{y} = -mg - k\dot{y} \tag{11.14}$$

となります．微分方程式 (11.14) を解くためには，

$$\frac{d}{dt}\left(\dot{y} + \frac{mg}{k}\right) = -\frac{k}{m}\left(\dot{y} + \frac{mg}{k}\right) \tag{11.15}$$

と変形しておけばよいです．

初期条件

$$(x(0), y(0)) = (0, 0), \tag{11.16}$$

$$(\dot{x}(0), \dot{y}(0)) = (v\cos\theta, v\sin\theta) \tag{11.17}$$

のもとで解くと，

$$x = \frac{mv\cos\theta}{k}(1 - e^{-\frac{k}{m}t}), \tag{11.18}$$

$$y = \left(\frac{mv\sin\theta}{k} + \frac{m^2 g}{k^2}\right)(1 - e^{-\frac{k}{m}t}) - \frac{mg}{k}t \tag{11.19}$$

となります．式 (11.18) から，水平方向の運動は

$$0 \leq x < \frac{mv}{k}\cos\theta \tag{11.20}$$

に限られることがわかります．

式 (11.18) を t について解くと，

$$t = \frac{m}{k} \log \frac{mv\cos\theta}{mv\cos\theta - kx} \qquad (11.21)$$

となります. これを (11.19) に代入して, 軌道の式

$$y = \left(\tan\theta + \frac{mg}{kv\cos\theta}\right) x - \frac{m^2 g}{k^2} \log \frac{mv\cos\theta}{mv\cos\theta - kx} \qquad (11.22)$$

がえられます.　　　　　　　　　　　　　　　　　　　　（解答終わり）

　見たことのない軌道の形が出てきました. 空気抵抗が小さいときにどうなるのかは, k が小さいとして, 軌道の式 (11.22) を $k = 0$ のまわりでテイラー展開してみればよいです. すると,

$$y = -\frac{g}{2(v\cos\theta)^2} x^2 + x\tan\theta - \frac{gx^3}{3m(v\cos\theta)^3} k + \cdots \qquad (11.23)$$

となります. 放物線軌道を近似していることがわかります.

11.3　軌道の曲率

　次は, 軌道の曲率の計算です. 軌道を固有長であらわし, 合成関数の微分を正しく使わなければなりません.

■問題■　xy-平面内の質量 m のボールの斜方投射において, ボールは速さ v のみによる抵抗力 $f(v)$ を受けるとします. ボールの軌道の点 P を含む微小区間は円で近似できますが, その円の半径を軌道の点 P における曲率半径といいます. P における曲率半径 ρ を, P におけるボールの速度 v とボールの進行方向の仰角 θ を用いてあらわしてください.

　ボールの進行方向の仰角を θ とすると, 速度は

$$(\dot{x}, \dot{y}) = (v\cos\theta, v\sin\theta) \qquad (11.24)$$

となります．運動方程式は

$$m\ddot{x} = -f(v)\cos\theta, \tag{11.25}$$

$$m\ddot{y} = -mg - f(v)\sin\theta \tag{11.26}$$

と書けます．

軌道を固有長 s をパラメーターとして，

$$(x, y) = (x(s), y(s)) \tag{11.27}$$

とあらわすことにします．軌道に接する単位ベクトルは，

$$\boldsymbol{u} = (x'(s), y'(s)) \tag{11.28}$$

です．軌道の s に関する加速度を

$$\boldsymbol{a} = (x''(s), y''(s)) \tag{11.29}$$

とします．$\boldsymbol{a}$ は軌道に直交していて，軌道を近似する円の中心方向を向いています．このことは，

$$\boldsymbol{u} \cdot \boldsymbol{a} = x'x'' + y'y'' = \frac{d}{ds}\frac{(x')^2 + (y')^2}{2} = \frac{d}{ds}\frac{1}{2} = 0 \tag{11.30}$$

からわかります．

軌道を近似する円の大きさは，加速度，つまりその点における2階微分のみによっています．半径 ρ の時計回りの円

$$x(s) = \rho\cos\frac{s}{\rho}, \tag{11.31}$$

$$y(s) = -\rho\sin\frac{s}{\rho} \tag{11.32}$$

の場合，

$$(x'(s), y'(s)) = \left(-\sin\frac{s}{\rho}, -\cos\frac{s}{\rho}\right), \tag{11.33}$$

$$(x''(s), y''(s)) = \frac{1}{\rho}\left(-\cos\frac{s}{\rho}, \sin\frac{s}{\rho}\right) \tag{11.34}$$

となり，曲率半径 ρ は，$\|\boldsymbol{a}\|$ の逆数です．あるいは，

$$\frac{1}{\rho} = y'x'' - x'y'' \tag{11.35}$$

とも書けます．円を時計回りにしたのは，y 軸を鉛直上向きにとった場合，斜方投射では軌道は局所的に xy-平面を時計回りに回っているからです．

斜方投射について，(11.35) を評価してみましょう．まず，

$$x' = \frac{dx}{ds} = \frac{dx/dt}{ds/dt} = \frac{\dot{x}}{v} \tag{11.36}$$

です．もちろん

$$y' = \frac{\dot{y}}{v} \tag{11.37}$$

です．さらに，

$$x'' = \frac{dx'}{ds} = \frac{1}{v}\frac{d\dot{x}}{ds} - \frac{\dot{x}}{v^2}\frac{dv}{ds} = \frac{1}{v}\frac{d\dot{x}/dt}{ds/dt} - \frac{\dot{x}}{v^2}\frac{dv/dt}{ds/dt}$$
$$= \frac{\ddot{x}}{v^2} - \frac{\dot{x}\dot{v}}{v^3} \tag{11.38}$$

と計算できます．もちろん，同様に

$$y'' = \frac{\ddot{y}}{v^2} - \frac{\dot{y}\dot{v}}{v^3} \tag{11.39}$$

です．すると，

$$\frac{1}{\rho} = y'x'' - x'y'' = \frac{\dot{y}\ddot{x} - \dot{x}\ddot{y}}{v^3} \tag{11.40}$$

がえられます．運動方程式 (11.25), (11.26) を用いて，

$$\frac{1}{\rho} = \frac{\dot{y}}{v^3}\left(\frac{-f(v)\cos\theta}{m}\right) - \frac{\dot{x}}{v^3}\left(\frac{-mg - f(v)\sin\theta}{m}\right)$$
$$= \frac{-(v\sin\theta)f(v)\cos\theta + mgv\cos\theta + (v\cos\theta)f(v)\sin\theta}{mv^3}$$
$$= \frac{g\cos\theta}{v^2} \tag{11.41}$$

と計算できます．したがって，軌道の曲率半径は

$$\rho = \frac{v^2}{g\cos\theta} \tag{11.42}$$

となります. (解答終わり)

意外と簡単な形に求まりました. 空気抵抗 $f(v)$ は一般にしていましたが, 最後の結果は, 結局 $f(v)$ の関数形に無関係だとわかりました. もちろん, 空気抵抗がないときにもあてはまります.

11.4 速度の方程式

ここでは, 速さ v をボールの進行方向の仰角 θ の関数 $v(\theta)$ として考えます. 少し変わっていると感じるかもしれませんが, 次の節でみるように, $v(\theta)$ の関数形がわかると, 運動がわかるようになっています.

> ■問題 xy-平面内の質量 m のボールの斜方投射において, ボールは速さ v のみによる抵抗力 $f(v)$ を受けるとします. ボールの速さ v とボールの進行方向の仰角 θ の関係をあたえる微分方程式を導いてください.

前節と同様に, 軌道を固有長 s を用いて

$$(x, y) = (x(s), y(s)) \tag{11.43}$$

とパラメーター表示してあると考えます. 速さは

$$v = \sqrt{(\dot{x})^2 + (\dot{y})^2} \tag{11.44}$$

なので,

$$\dot{v} = \frac{\dot{x}\ddot{x} + \dot{y}\ddot{y}}{\sqrt{(\dot{x})^2 + (\dot{y})^2}} = \ddot{x}\cos\theta + \ddot{y}\sin\theta \tag{11.45}$$

となります. ただし, θ は進行方向の仰角で,

$$\cos\theta = \frac{\dot{x}}{v}, \quad \sin\theta = \frac{\dot{y}}{v} \tag{11.46}$$

の関係があります.
運動方程式

$$m\ddot{x} = -f(v)\cos\theta, \tag{11.47}$$

$$m\ddot{y} = -mg - f(v)\sin\theta \tag{11.48}$$

を代入して,

$$\dot{v} = -g\sin\theta - \frac{f(v)}{m} \tag{11.49}$$

をえます.
軌道の各点における曲率半径を ρ とすると,

$$\theta'(s) = \frac{d\theta}{ds} = -\frac{1}{\rho} \tag{11.50}$$

の関係があります. 前問の結果より

$$\theta' = -\frac{g\cos\theta}{v^2} \tag{11.51}$$

です. これから,

$$\dot{\theta} = \frac{d\theta}{dt} = \frac{d\theta/ds}{dt/ds} = v\theta' = -\frac{g\cos\theta}{v} \tag{11.52}$$

となります.
式 (11.49), (11.52) を用いると, $v(\theta)$ のみたす微分方程式が

$$\frac{dv}{d\theta} = \frac{\dot{v}}{\dot{\theta}} = v\frac{mg\sin\theta + f(v)}{mg\cos\theta} \tag{11.53}$$

と求まります. （解答終わり）

11.5 斜方投射の軌道

前節では, $v(\theta)$ のみたす微分方程式を導きましたが, その解から軌道を復元することを考えます.

> ▬ 問題 ▬　xy-平面内の質量 m のボールの斜方投射において，ボールは速さ v のみによる抵抗力 $f(v)$ を受けるとします．速さ v がボールの進行方向の仰角 θ の関数 $v(\theta)$ としてあたえられているとき，ボールの軌道と，軌道の各点までの到達時間はどのように求められるでしょうか．

　ボールの軌道を，固有長を s として

$$(x, y) = (x(s), y(s)) \tag{11.54}$$

と考えます．すると，(11.50), (11.42) を用いると，

$$\frac{dx}{d\theta} = \frac{dx/ds}{d\theta/ds} = \frac{\cos\theta}{-1/\rho} = -\frac{v^2}{g} \tag{11.55}$$

がえられます．同様に，

$$\frac{dy}{d\theta} = \frac{dy/ds}{d\theta/ds} = \frac{\sin\theta}{-1/\rho} = -\frac{v^2 \tan\theta}{g} \tag{11.56}$$

がえられます．

　また，軌道のある点までの到達時間を $t(s)$ とすると

$$\frac{dt}{ds} = \frac{1}{ds/dt} = \frac{1}{v} \tag{11.57}$$

です．これに注意すると，

$$\frac{dt}{d\theta} = \frac{dt/ds}{d\theta/ds} = \frac{1/v}{-1/\rho} = -\frac{v}{g\cos\theta} \tag{11.58}$$

がえられます．

　したがって，時刻 $t = 0$ に xy-平面の原点から仰角 θ_0 でボールを投げたとすると，

$$x(\theta) = -\int_{\theta_0}^{\theta} \frac{(v(\theta'))^2}{g} d\theta', \tag{11.59}$$

$$y(\theta) = -\int_{\theta_0}^{\theta} \frac{(v(\theta'))^2 \tan\theta'}{g} d\theta', \tag{11.60}$$

$$t(\theta) = -\int_{\theta_0}^{\theta} \frac{v(\theta')}{g\cos\theta'}d\theta' \tag{11.61}$$

となります. （解答終わり）

11.6　慣性抵抗のある斜方投射

速さの2乗に比例する慣性抵抗が働いているときの, ボールの軌道を考えてみましょう.

> ■■問題■■　比例定数 k で速度の2乗に比例する抵抗が働くボールを投げたとき, ボールの速度をボールの進行方向の仰角 θ の関数としてあらわしてください.

物体に働く空気抵抗は, 物体が小さくて, 速度がゆっくりのときには速さ v に比例する粘性抵抗が効いていますが, 野球のボールくらいだと, v^2 に比例する空気抵抗を受けます. これを慣性抵抗といいます. 空気抵抗が

$$f(v) = kv^2 \tag{11.62}$$

の場合をここでは考えましょう.

式 (11.53) より, $v(\theta)$ は

$$\frac{dv}{d\theta} = v\frac{mg\sin\theta + kv^2}{mg\cos\theta} \tag{11.63}$$

にしたがいます. 仰角 θ のかわりに,

$$\tanh\tau = \sin\theta \tag{11.64}$$

で決まる変数 τ を用いると便利です.

$$\frac{d\tau}{(\cosh\tau)^2} = \cos\theta d\theta \tag{11.65}$$

より,

$$\frac{dv}{d\tau} = \frac{dv}{d\theta}\frac{d\theta}{d\tau} = v\frac{mg\sin\theta + kv^2}{mg(\cos\theta)^2(\cosh\tau)^2} = v\left(\tanh\tau + \frac{k}{mg}v^2\right) \quad (11.66)$$

となります. これを,

$$\begin{aligned}
\frac{dv^{-2}}{d\tau} &= -2v^{-3}\frac{dv}{d\tau} \\
&= -2v^{-2}\tanh\tau - \frac{2k}{mg} \\
&= -\frac{v^{-2}}{(\cosh\tau)^2}\frac{d(\cosh\tau)^2}{d\tau} - \frac{2k}{mg} \quad (11.67)
\end{aligned}$$

と書き換えておきます. すると,

$$\frac{d[v^{-2}(\cosh\tau)^2]}{d\tau} = -\frac{2k(\cosh\tau)^2}{mg} \quad (11.68)$$

となります. 簡単に積分できて,

$$v^{-2}(\cosh\tau)^2 = (v_1)^{-2} - \frac{k}{mg}(\tau + \sinh\tau\cosh\tau) \quad (11.69)$$

となります. ただし, v_1 は軌道の最高点, つまり $\tau = 0$ における v の値です. したがって,

$$\begin{aligned}
v &= \left[\frac{(v_1)^{-2}}{(\cosh\tau)^2} - \frac{k}{mg}\left(\frac{\tau}{(\cosh\tau)^2} + \tanh\tau\right)\right]^{-1/2} \\
&= \left[\left(\frac{1}{(v_1)^2} - \frac{k}{mg}\log\sqrt{\frac{1+\sin\theta}{1-\sin\theta}}\right)(\cos\theta)^2 - \frac{k}{mg}\sin\theta\right]^{-1/2} \quad (11.70)
\end{aligned}$$

が求めるものです. 複雑な形になりましたが, きちんと解けました.

(解答終わり)

この結果を (11.59), (11.60), (11.61) に代入すれば, ボールの運動がわかるようになっています. 粘性抵抗の場合に比べると, 少しややこしいです.

第12章

衝突

物体どうしの衝突も，典型的で基本的な力学の問題です．ほとんどの場合，衝突前の各物体の運動量があたえられていて，衝突によって，運動量がどう変化するのかという問題になっています．衝突前と衝突後で物体の運動量の和が保存することを使いますが，それだけでは答えは求まりません．弾性衝突なら，エネルギーの和が保存することを用いることになります．その他にも，衝突の様子をあらわす細かいパラメーターがあたえられることによって，衝突後の終状態が定まる場合もあります．ここでは，1次元と2次元の衝突の問題をいくつか考えてみましょう．

12.1 弾性衝突の条件

弾性衝突というのは，衝突の前後でエネルギーが保存するような衝突のことです．衝突の際に，運動エネルギーの一部が物体の内部運動のエネルギーや熱エネルギーに変換されるようなものは非弾性衝突です．

スーパーボールのように，たくさんの分子からなる巨視的な物体の衝突は，完璧な弾性衝突ではありません．このことは，壁にぶつけたら音がすることからもわかります．つまり，巨視的な物体の弾性衝突というのは，理想化された概念です．完璧な弾性衝突だということを強調したいときには，完全弾性衝突とよぶこともあります．

2つの物体の完全弾性衝突は，相対速度の大きさが変わらないことだということも高校物理で習いました．まずは，これらが同じ概念なのかどうか確かめてみましょう．

> ■問題■　2つの物体の弾性衝突を考えます．つまり，衝突の前後で物体の運動エネルギーの和が保存するとします．このことと，相対速度の大きさが衝突前後で変化しないことが等価であることを示してください．

質量が m, M の2つの物体が速度 $\boldsymbol{v}$, $\boldsymbol{w}$ をそれぞれもっており，それらが衝突して，それぞれの速度が $\boldsymbol{v}'$, $\boldsymbol{w}'$ に変化したとします．

この問題は，重心系で考えるとわかりやすいです．重心の速度は，

$$\boldsymbol{V} = \frac{m\boldsymbol{v} + M\boldsymbol{w}}{m + M} \tag{12.1}$$

です．したがって，重心系での速度は，衝突前ではそれぞれ

$$\boldsymbol{v}_c := \boldsymbol{v} - \boldsymbol{V} = \frac{M}{m + M}\boldsymbol{u}, \tag{12.2}$$

$$\boldsymbol{w}_c := \boldsymbol{w} - \boldsymbol{V} = \frac{m}{m + M}\boldsymbol{u} \tag{12.3}$$

となります．ただし，

$$\boldsymbol{u} = \boldsymbol{v} - \boldsymbol{w} \tag{12.4}$$

は，衝突前の相対速度です．

重心系での各物体の運動エネルギーの和を考えてみましょう．それは，

$$E_c = \frac{m\|\boldsymbol{v}_c\|^2}{2} + \frac{M\|\boldsymbol{w}_c\|^2}{2} \tag{12.5}$$

であたえられますが，(12.2), (12.3) を代入すると，

$$E_c = \frac{\mu\|u\|^2}{2} \tag{12.6}$$

となります．ただし，

$$\mu = \frac{mM}{m + M} \tag{12.7}$$

は，換算質量です．

質量 m の物体の，衝突後の速度を $\boldsymbol{v}'$ としましょう．質量 M の物体に関しては，衝突後の速度を $\boldsymbol{w}'$ とおきます．運動量が保存するという条件は，

$$mv + Mw = mv' + Mw' \tag{12.8}$$

ですが，これは (12.1) より

$$(m + M)V = mv' + Mw' \tag{12.9}$$

と書き換えられ，

$$m(v' - V) = -M(w' - V) \tag{12.10}$$

をあたえます．重心系に対するそれぞれの物体の衝突後の速度を

$$v'_c = v_c - V, \tag{12.11}$$
$$w'_c = w_c - V \tag{12.12}$$

と書くことにすると，(12.10) は，これらが

$$v'_c = \frac{M}{m + M}u', \tag{12.13}$$
$$w'_c = -\frac{m}{m + M}u' \tag{12.14}$$

と書けることと同じ意味になります．ただし，

$$u' = v'_c - w'_c \tag{12.15}$$

で，u' は衝突後の相対速度になります．重心系における，衝突後の物体の運動エネルギーの和は，

$$E'_c = \frac{m \|v_c\|^2}{2} + \frac{M \|w_c\|^2}{2} = \frac{\mu \|u'\|^2}{2} \tag{12.16}$$

となります．

　すると，(12.6) と (12.16) から，衝突前後で重心系のエネルギーが保存する条件

$$E_c = E'_c \tag{12.17}$$

と，相対速度の大きさが保存する条件

$$\|u\| = \|u'\| \tag{12.18}$$

が等価だということがわかります.

　衝突する物体のエネルギーが保存するかしないかは, 慣性系のとりかたには よりません. つまり, ある慣性系で考えたときにはエネルギーが保存している のに, 別の慣性系でみたときにはエネルギーが保存しない, ということはあり ません. 相対速度の大きさも慣性系のとりかたによって変わりません. した がって, もとの慣性系に戻って,

$$\frac{m\left\|\boldsymbol{v}\right\|^{2}}{2}+\frac{M\left\|\boldsymbol{w}\right\|^{2}}{2}=\frac{m\left\|\boldsymbol{v}'\right\|^{2}}{2}+\frac{M\left\|\boldsymbol{w}'\right\|^{2}}{2} \tag{12.19}$$

というエネルギー保存の条件と,

$$\left\|\boldsymbol{v}-\boldsymbol{w}\right\|=\left\|\boldsymbol{v}'-\boldsymbol{w}'\right\| \tag{12.20}$$

が同値な条件だということがいえます. 　　　　　　　　（解答終わり）

12.2　玉突き衝突

　1 次元の衝突の問題は, 基本的には簡単なのですが, たくさんの衝突が続け ておこる, 少し複雑な玉突き衝突の問題を考えてみましょう.

　■ 問題 ■　なめらかな床の上に物体が n 個, 直線上を運動します. それら を左から物体 1, 物体 2, $\cdots$, 物体 n とします. 物体 1 の質量は M_1, 物体 2 の質量は M_2, $\cdots$, 物体 n の質量は M_n とするとき, それらは

$$M_k = \frac{2M}{k(k+1)}, \qquad (k=1,2,\ldots,n) \tag{12.21}$$

にしたがっているとします. 最初, 物体 1 だけが右方向に速さ v で, 残り の物体は左方向に速さ v で運動しています. 物体どうしは完全弾性衝突す るものとします. さて, 最終的にこれらの運動状態はどのようになるで しょうか.

　右方向に x 軸をとって考えましょう. 最初に物体 1 と物体 2 が衝突します.

それぞれの質量は $M_1 = M$, $M_2 = M/2$ です．衝突後の物体 1, 2 の速度をそれぞれ v_1', v_2 とすると，運動量保存則は，

$$Mv + \frac{M}{3} \times (-v) = Mv_1' + \frac{M}{3}v_2 \tag{12.22}$$

で，完全弾性衝突の条件は，

$$v - (-v) = v_2 - v_1' \tag{12.23}$$

となります．これらを解くと，

$$v_1' = 0, \tag{12.24}$$

$$v_2 = 2v \tag{12.25}$$

となります．最初右に動いていた物体 1 は衝突後止まってしまうことになります．

　続けて物体 2 と 3，物体 3 と 4，… の衝突がおこります．一般化して，物体 $k-1$ と物体 k の衝突 $(k = 2, 3, \ldots, n)$ を考えましょう．衝突前の物体 $k-1$ の速度を v_{k-1} とします．物体 k の衝突前の速度は $-v$ です．衝突後の物体 $k-1$ の速度を v_{k-1}'，物体 k の速度を v_k とします．運動量の保存は

$$M_{k-1}v_{k-1} - M_k v = M_{k-1}v_{k-1}' + M_k v_k \tag{12.26}$$

となります．表式 (12.21) を代入すると，

$$(k+1)v_{k-1} - (k-1)v = (k+1)v_{k-1}' + (k-1)v_k \tag{12.27}$$

とできます．

　完全弾性衝突の条件は，

$$v_{k-1} - (-v) = v_k - v_{k-1}' \tag{12.28}$$

です．これらを解くと，

$$v_{k-1}' = \frac{1}{k}v_{k-1} - \frac{k-1}{k}v, \tag{12.29}$$

$$v_k = \frac{k+1}{k}v_{k-1} + \frac{1}{k}v \tag{12.30}$$

となります. 漸化式 (12.30) の方は簡単に解けて,

$$
\begin{aligned}
\frac{v_k + v}{k+1} &= \frac{v_{k-1} + v}{k} \\
&= \frac{v_{k-2} + v}{k-1} \\
&\vdots \\
&= \frac{v_2 + v}{3} = v
\end{aligned}
\tag{12.31}
$$

より,

$$
v_k = kv
\tag{12.32}
$$

と求まります. したがって, (12.29) より

$$
v'_{k-1} = 0
\tag{12.33}
$$

です. つまり, 物体 $k-1$ は物体 k と衝突すると, 止まってしまいます. すると, 全部で $n-1$ 回の衝突があり, 最後のは物体 $n-1$ と物体 n の衝突です. 物体 $1, 2, \ldots, n-1$ が静止していて, 物体 n だけが右方向に速さ nv で運動しているのが最終状態です. （解答終わり）

全体を通して見ると, 左方向から物体 1 が速さ v で, 右方向からも物体 2, 3, $\ldots, n-1$ が速さ v でやってきてぶつかり, $n-1$ 回の玉突きがあったのち, 物体 n だけに全てのエネルギーが注ぎ込まれて, n 倍の速さで右方向に去っていくという過程になっています.

12.3　ビリヤード球の衝突

剛体球の弾性散乱は, 標準的な問題です. ビリヤードは球を棒で突いて遊ぶゲームで, ほぼ弾性的な衝突をします. 弾性衝突の場合, 2 つの球が同じ質量なら, 球は 90° 分離した方向に走っていきます. 実際のビリヤードの球は全て同じ質量ですが, もし質量が違っていたらどうなるでしょうか.

> ■ **問題** ■ ビリヤード台の上に2つの球があります．ひとつは手玉，もう
> ひとつは的球で，手玉を突いて的球に当てます．手玉と的球は，ともに半
> 径 R の球体ですが，手玉の質量は m，的球の質量は M だとします．手玉
> は的球に衝突すると，一般に進行方向が変わります．衝突前の手玉の軌道
> を延長してできる直線と，的球の中心との距離を衝突径数といい，b であ
> らわします．衝突後の手玉と的球のそれぞれの進行方向のなす角を θ とす
> るとき，$\tan\theta$ を b を用いてあらわしてください．ただし，手玉と的球は弾
> 性衝突を行い，手玉，的球が回転する効果は考えないこととします．

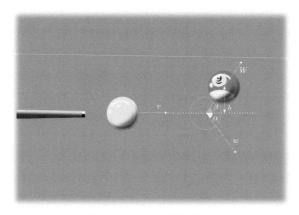

図 12.1 ビリヤード球の衝突.

手玉を突いたところ，速さ v で x 軸に沿って進んでいったとします．的球に
衝突したあと，進行方向は α だけ変化し，速さは w になったとします．的球
は，手玉が衝突したあとは，x 軸とのなす角が β の方向に弾かれたとします（図
12.1）．

まず，図 12.1 を見てもわかるように，β は衝突径数 b と，

$$\sin\beta = \frac{b}{2R} \tag{12.34}$$

の関係にあることに注意しておきます．

運動量が保存するので，

$$mv = mw \cos \alpha + MW \cos \beta, \tag{12.35}$$

$$0 = -mw \sin \alpha + MW \sin \beta \tag{12.36}$$

が成り立ちます。また，完全弾性衝突なのでエネルギーが保存します。この条件は，

$$\frac{mv^2}{2} = \frac{mw^2}{2} + \frac{MW^2}{2} \tag{12.37}$$

をあたえます。

(12.35), (12.36) より

$$m^2 w^2 \cos^2 \alpha = (mv - MW \cos \beta)^2, \tag{12.38}$$

$$m^2 w^2 \sin^2 \alpha = M^2 W^2 \sin^2 \beta \tag{12.39}$$

なので，辺々を足して

$$m^2 w^2 = m^2 v^2 + M^2 W^2 - 2\,mMvW \cos \beta \tag{12.40}$$

をえます。これを用いて，(12.37) から w を消去します。すると，

$$(m + M)W^2 - 2mvW \cos \beta = 0 \tag{12.41}$$

と，W に関する2次方程式がえられます。$W = 0$ は的球が素通りする解，つまり衝突しなかった場合をあらわしているので，衝突した場合は，

$$W = \frac{2m \cos \beta}{m + M} v \tag{12.42}$$

となります。

これを (12.35), (12.36) に代入すると，それぞれ

$$mw \cos \alpha = \frac{m^2 - mM \cos 2\beta}{m + M} v, \tag{12.43}$$

$$mw \sin \alpha = \frac{mM \sin 2\beta}{m + M} v \tag{12.44}$$

となります。これらの辺々の比をとると，

$$\tan \alpha = \frac{M \sin 2\beta}{m - M \cos 2\beta} \tag{12.45}$$

がえられます.

衝突後のそれぞれの軌道のなす角は $\theta = \alpha + \beta$ なので,

$$
\begin{aligned}
\tan\theta &= \frac{\tan\alpha + \tan\beta}{1 - \tan\alpha\tan\beta} \\
&= \frac{M\sin 2\beta + (m - M\cos 2\beta)\tan\beta}{m - M\cos 2\beta - M\sin 2\beta\tan\beta} \\
&= \frac{m + M}{m - M}\tan\beta
\end{aligned}
\tag{12.46}
$$

となります.

あとは,

$$
\tan\beta = \frac{b}{\sqrt{4R^2 - b^2}}
\tag{12.47}
$$

に注意しておけば,

$$
\tan\theta = \frac{(m + M)b}{(m - M)\sqrt{4R^2 - b^2}}
\tag{12.48}
$$

と求まります. もちろん, これは $m \neq M$ の場合です. $m = M$ のときは, $\theta = \pi/2$ となっています. （解答終わり）

　軌道が分離する角度 θ は, 衝突径数 b のみによっていて, 突いたときの速さ v にはよりません. 的球が軽いときは, $\theta > \pi/2$ で鈍角に分離し, 的球が重いときは鋭角に分離します. 実際のビリヤードでは, 的球と手玉は同じ質量なので, 回転などかけなければ, ほぼ直角に分離します. 分離角を変えたいときは, 手玉に回転をかけて突くことになります.

● 第 13 章 ●

波の運動

　古典力学は，質点ばかり扱うわけではありません．もちろん，すべての物体が質点からなるというのが基本的な考え方ですが，質点から離れて，連続的な質量分布をもつ物体として問題を考えることも必要になってきます．空間的に広がった質量分布があり，一番静まった状態では各点は安定した位置に静止しているとします．外部からの影響により，ある点が平衡からずれたとすると，その影響は，波として空間内を伝わることになるでしょう．その波の運動を考えてみましょう．

13.1　弦の運動

　1次元空間，つまり直線上を伝わる波を考えます．1次元の波は特殊で，2次元以上の空間を伝わる波とは性質が違います．

■■■ 問題 ■■■　1次元の波動方程式

$$\frac{\partial^2}{\partial t^2} f(x,t) = \beta^2 \frac{\partial^2}{\partial x^2} f(x,t) \tag{13.1}$$

を考えます．ただし，β は正の定数です．波動方程式の解の一般形を求めてください．

　波動は，様々な現象であらわれます．しかし，波動の振る舞いは何次元空間を伝わるかによって，違ってきます．ここでやるのは，1次元の波です．1次元の波動方程式の解き方は簡単ですが，まずはそのことをみてみましょう．

　$f(x, t)$ が何を記述しているのか，疑問に思うでしょう．例えば，たるみなく張ったゴムひもを考えるとよいでしょう．ゴムひもの各部分は，座標 x によって指定できます．ゴムひもを弾くと振動しますが，振動が平面内に収まっているとしましょう．ゴムひもの，平衡の位置からのずれのことを変位といいますが，$f(x, t)$ は，x の位置の時刻 t における変位だと思うとよいでしょう．それが，波動方程式にしたがって運動しています．

　(x, t) は時空の座標となっていますが，そのかわりに，

$$u = \beta t + x, \tag{13.2}$$

$$v = \beta t - x \tag{13.3}$$

を座標としてとります．逆に解くと，

$$t = \frac{u + v}{2\beta}, \tag{13.4}$$

$$x = \frac{u - v}{2} \tag{13.5}$$

です．すると，微分作用素として

$$\frac{\partial}{\partial u} = \frac{\partial t}{\partial u}\frac{\partial}{\partial t} + \frac{\partial x}{\partial u}\frac{\partial}{\partial x} = \frac{1}{2\beta}\frac{\partial}{\partial t} + \frac{1}{2}\frac{\partial}{\partial x}, \tag{13.6}$$

$$\frac{\partial}{\partial v} = \frac{\partial t}{\partial v}\frac{\partial}{\partial t} + \frac{\partial x}{\partial v}\frac{\partial}{\partial x} = \frac{1}{2\beta}\frac{\partial}{\partial t} - \frac{1}{2}\frac{\partial}{\partial x} \tag{13.7}$$

となっています．これらから，

$$\frac{\partial^2}{\partial u \partial v} = \left(\frac{1}{2\beta}\frac{\partial}{\partial t} + \frac{1}{2}\frac{\partial}{\partial x}\right)\left(\frac{1}{2\beta}\frac{\partial}{\partial t} - \frac{1}{2}\frac{\partial}{\partial x}\right)$$

$$= \frac{1}{4\beta^2}\left(\frac{\partial^2}{\partial t^2} - \beta^2\frac{\partial^2}{\partial x^2}\right) \tag{13.8}$$

となっています．そこで，

$$\widetilde{f}(u, v) := f\left(\frac{u - v}{2}, \frac{u + v}{2\beta}\right) \tag{13.9}$$

とすると，波動方程式 (13.1) は

$$\frac{\partial^2}{\partial u \partial v}\widetilde{f}(u, v) = 0 \tag{13.10}$$

となります．これは

$$\frac{\partial}{\partial u}\left(\frac{\partial \widetilde{f}}{\partial v}\right) = 0 \tag{13.11}$$

という意味ですので，u について積分すると

$$\frac{\partial \widetilde{f}}{\partial v} = B(v) \tag{13.12}$$

となります．積分定数 B は「u に関して定数」なので，v の任意関数となります．さらに積分すると，

$$\widetilde{f} = \int^v B(s)ds + D(u) \tag{13.13}$$

となりますが，右辺の第 1 項は結局 v の任意関数なので，それをあらためて $C(v)$ と書けば

$$\widetilde{f}(u,v) = C(v) + D(u) \tag{13.14}$$

となります．時空の座標 (x,t) に戻せば，

$$f(x,t) = C(\beta t - x) + D(\beta t + x) \tag{13.15}$$

が一般の解ということになります．　　　　　　　　　　　（解答終わり）

13.2　弦の運動の初期値問題

　1 次元の波動方程式は，簡単に解けました．ある時刻で波の形と，速度をあたえて，その後の波の振る舞いを求めることを初期値問題といいます．1 次元の波動方程式は，初期値問題も手で解けます．

> ■ 問題 ■　1 次元の波動方程式
> $$\frac{\partial^2}{\partial t^2}f(x,t) = \beta^2 \frac{\partial^2}{\partial x^2}f(x,t) \tag{13.16}$$
> を考えます．$t = t_0$ における初期値が

$$f(x, t_0) = F(x), \tag{13.17}$$

$$f_t(x, t_0) = G(x) \tag{13.18}$$

となるような解を求めてください. ただし, f_t は2変数関数 $f(x,t)$ の第2スロットに関する1階導関数のことです.

波動方程式の解は

$$f(x, t) = f_+(\beta t - x) + f_-(\beta t + x) \tag{13.19}$$

と書けます. これは (13.15) において, C, D をそれぞれ f_+, f_- と書き直しただけのことです. f_+ は右方向に進む波, f_- は左方向に進む波で, 一般の波はそれらの重ね合わせになっています.

初期条件 (13.17) は

$$f_+(\beta t_0 - x) + f_-(\beta t_0 + x) = F(x) \tag{13.20}$$

です. また, (13.19) を t で微分すると,

$$f_t(x, t) = \beta f'_+(\beta t - x) + \beta f'_-(\beta t + x) \tag{13.21}$$

となりますので, 初期条件 (13.18) は

$$f'_+(\beta t_0 - x) + f'_-(\beta t_0 + x) = \frac{1}{\beta} G(x) \tag{13.22}$$

となります. 条件 (13.20) の両辺を x で微分すると,

$$-f'_+(\beta t_0 - x) + f'_-(\beta t_0 + x) = F'(x) \tag{13.23}$$

ですから, (13.22), (13.23) より

$$f'_+(\beta t_0 - x) = \frac{G(x) - \beta F'(x)}{2\beta}, \tag{13.24}$$

$$f'_-(\beta t_0 + x) = \frac{G(x) + \beta F'(x)}{2\beta} \tag{13.25}$$

と求まります. これらを x で積分して,

$$f_+(\beta t_0 - x) = \frac{F(x)}{2} - \frac{1}{2\beta} \int_{c_1}^{x} G(s)ds, \tag{13.26}$$

$$f_-(\beta t_0 + x) = \frac{F(x)}{2} + \frac{1}{2\beta} \int_{c_2}^{x} G(s)ds \tag{13.27}$$

となります．式 (13.26) で $x \to x - \beta t + \beta t_0$ と置き換えると，

$$f_+(\beta t - x) = \frac{F(x - \beta(t - t_0))}{2} - \frac{1}{2\beta} \int_{c_1}^{x - \beta(t - t_0)} G(s)ds \tag{13.28}$$

をえます．式 (13.27) では $x \to x + \beta t - \beta t_0$ と置き換え，

$$f_-(\beta t + x) = \frac{F(x + \beta(t - t_0))}{2} + \frac{1}{2\beta} \int_{c_2}^{x + \beta(t - t_0)} G(s)ds \tag{13.29}$$

となります．積分定数 c_1, c_2 については，初期条件をみたすためには $c_1 = c_2$ でなくてはならず，

$$f(x,t) = \frac{1}{2} \left[F(x - \beta(t - t_0)) + F(x + \beta(t - t_0)) \right]$$
$$+ \frac{1}{2\beta} \int_{x - \beta(t - t_0)}^{x + \beta(t - t_0)} G(s)ds \tag{13.30}$$

が初期値問題の解となります． （解答終わり）

　1 次元直線上の波動方程式は，初期値として波の配位と時間微分をあたえると，波の時間発展が一意的に決まることがわかりました．

13.3　球面波

　次は，3 次元空間を伝わる波です．1 次元の波ほど簡単ではありません．しかし，球対称な波であれば，簡単に解けます．

　　■ 問題 ■　3 次元空間を，波動方程式

$$\frac{\partial^2}{\partial t^2} f(x,y,z,t) = \beta^2 \triangle f(x,y,z,t) \tag{13.31}$$

にしたがって伝播する波 $f(x, y, z, t)$ を考えます．球面波とは，原点からの距離 r と時間のみに依存する波

$$f(x, y, z, t) = g(r, t) \tag{13.32}$$

のことです．球面波は一般にどのような形に書けるでしょうか．

球座標 (r, θ, ϕ) のもとで，ラプラシアンは，

$$\triangle = \frac{1}{r^2} \frac{\partial}{\partial r} r^2 \frac{\partial}{\partial r} + \frac{1}{r^2} \left(\frac{1}{\sin \theta} \frac{\partial}{\partial \theta} \sin \theta \frac{\partial}{\partial \theta} + \frac{\partial^2}{\partial \phi^2} \right) \tag{13.33}$$

と書けます．したがって，球面波 $g(r, t)$ に対しては，

$$\triangle g = \frac{1}{r^2} \frac{\partial}{\partial r} \left(r^2 \frac{\partial g}{\partial r} \right) = \frac{1}{r} \frac{\partial^2}{\partial r^2} (rg) \tag{13.34}$$

となります．すると，波動方程式は

$$\frac{\partial^2}{\partial t^2} g = \beta^2 \frac{1}{r} \frac{\partial^2}{\partial r^2} (rg) \tag{13.35}$$

ですので，

$$g(r, t) := \frac{h(r, t)}{r} \tag{13.36}$$

とおけば，

$$\frac{\partial^2}{\partial t^2} h = \beta^2 \frac{\partial^2}{\partial r^2} h \tag{13.37}$$

と等価です．

これは，1 次元の波動方程式なので，C, D を任意関数として

$$h(r, t) = C(\beta t - r) + D(\beta t + r) \tag{13.38}$$

が一般の解をあたえます．したがって，

$$f(r, t) = \frac{C(\beta t - r)}{r} + \frac{D(\beta t + r)}{r} \tag{13.39}$$

が球面波の一般の形です． （解答終わり）

　球面波の解において，$C(\beta t - r)/r$ は外向きに進む波，$D(\beta t + r)/r$ は内向き
に進む波をあらわしています．一般にはこれらの重ね合わせで解が書けること
になります．ただし，$r = 0$ では解が特異になることにも注意しておきましょ
う．したがって，波動方程式は $r \neq 0$ のみでみたされていると考えるべきです．

13.4　波源からの波

　波動方程式は空間を自由に伝わる波の方程式ですが，外部から力を加えて波
をゆらすなどすることの効果を，波動方程式の右辺に付け加えることができま
す．基本的な例として，空間の 1 点に外部からの影響が関数 $q(t)$ の形で加わっ
た場合，それがどのように空間内に伝わるのかみてみましょう．

> ■ 問題 ■ 　3 次元空間の原点に波源をもつ波の方程式
>
> $$\left(\frac{\partial^2}{\partial t^2} - \beta^2 \triangle \right) f = q(t)\delta(x)\delta(y)\delta(z) \tag{13.40}$$
>
> の解を求めてください．ただし，$\delta(x)$ はデルタ関数です．

　デルタ関数というのは，任意の関数 $f(x)$ に対して，

$$\int \delta(x)f(x)dx = f(0) \tag{13.41}$$

となるもののことです．普通の意味の関数ではなくて，上の積分の形でしか意
味をなしません．一般には，

$$\int \delta(x-a)f(x)dx = f(a) \tag{13.42}$$

が成り立ち，関数 $f(x)$ の好きな点 a での値を拾う役割を果たします．
　解として，外向きの球面波

$$f = \frac{C(\beta t - r)}{r} \tag{13.43}$$

を仮定します．これはもちろん $r \neq 0$ では波動方程式をみたしていますが，$r = 0$ で特異な振る舞いをします．そこで，時刻 t を固定して，空間の原点を中心とした半径 ϵ の球体 B 上の体積積分

$$c(t) = \int_B \left(\frac{\partial^2}{\partial t^2} - \beta^2 \triangle \right) \frac{C(\beta t - r)}{r} \, dx dy dz \qquad (13.44)$$

を考えます．第1項は，

$$\int_B \frac{\partial^2}{\partial t^2} \frac{C(\beta t - r)}{r} \, dx dy dz = \beta^2 \int_B \frac{C''(\beta t - r)}{r} \, dx dy dz$$

$$= \beta^2 \int_B \frac{1}{r} \left(\frac{\partial^2}{\partial r^2} C(\beta t - r) \right) \, dx dy dz$$

$$= \beta^2 \int_0^\epsilon \frac{1}{r} \left(\frac{\partial^2}{\partial r^2} C(\beta t - r) \right) \cdot 4\pi r^2 dr$$

$$= 4\pi \beta^2 \int_0^\epsilon \frac{\partial}{\partial r} \left(r \frac{\partial}{\partial r} C(\beta t - r) - C(\beta t - r) \right) dr$$

$$= 4\pi \beta^2 \left[r \frac{\partial}{\partial r} C(\beta t - r) - C(\beta t - r) \right]_{r=0}^{r=\epsilon}$$

$$= 4\pi \beta^2 \left(-\epsilon C'(\beta t - \epsilon) - C(\beta t - \epsilon) + C(\beta t) \right)$$

$$\qquad (13.45)$$

となります．第2項を考えます．B 上の体積積分を，ガウスの公式を用いて B の表面 S 上の面積分に書き直して計算すると，

$$\int_B \triangle \frac{C(\beta t - r)}{r} \, dx dy dz = \int_B \nabla \cdot \nabla \frac{C(\beta t - r)}{r} \, dx dy dz$$

$$= \int_S \left(\nabla \frac{C(\beta t - r)}{r} \right) \cdot \boldsymbol{n} \, dS$$

$$= \int_S \frac{\partial}{\partial r} \frac{C(\beta t - r)}{r} \, dS$$

$$= \left[4\pi r^2 \left(-\frac{C'(\beta t - r)}{r} - \frac{C(\beta t - r)}{r^2} \right) \right]\Big|_{r=\epsilon}$$

$$= 4\pi \left(-\epsilon C'(\beta t - \epsilon) - C(\beta t - \epsilon) \right) \qquad (13.46)$$

となります．これらの計算から，

$$c(t) = 4\pi \beta^2 C(\beta t) \qquad (13.47)$$

だとわかります.

体積積分 (13.44) の結果は B の半径 ϵ によらないことになりました.これは,被積分関数がデルタ関数的に振る舞うことを意味しています.つまり

$$\left(\frac{\partial^2}{\partial t^2} - \beta^2 \triangle\right) \frac{C(\beta t - r)}{r} = 4\pi\beta^2 C(\beta t)\delta(x)\delta(y)\delta(z) \tag{13.48}$$

ということになります.したがって,

$$f(r,t) = \frac{q(t - r/\beta)}{4\pi\beta^2 r} \tag{13.49}$$

とすれば,

$$\left(\frac{\partial^2}{\partial t^2} - \beta^2 \triangle\right) f(r,t) = q(t)\delta(x)\delta(y)\delta(z) \tag{13.50}$$

となります. （解答終わり）

解 (13.49) は,空間の原点にある波源が,$q(t)$ のように時間変化すると,その変化がそのまま速さ β で外向きに伝播することをあらわしています.ただし,振幅は原点からの距離に反比例して小さくなります.特に,$q(t) = q_0\delta(t)$ としたときの式

$$\left(\frac{\partial^2}{\partial t^2} - \beta^2 \triangle\right) \frac{q_0\delta(t - r/\beta)}{4\pi\beta^2 r} = q_0\delta(t)\delta(x)\delta(y)\delta(z) \tag{13.51}$$

は,空間の1点で瞬間的に波にあたえた影響が,速さ β の球面波として伝わり,

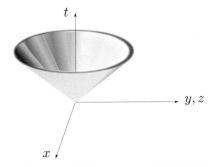

図 13.1 時空の原点に波源があったときの球面波の伝播：$f = q_0\delta(t - r/\beta)/(4\pi\beta^2 r)$ を模式的にあらわしたもの.

波が通過したあとには一切の痕跡が残らないことを意味しています．これは，
ホイヘンスの原理を数学的に記述したものになっています．

13.5   平面上の波動とホイヘンスの原理

> **■■ 問題 ■■**　$\mathbb{R}^2$ 上の波動方程式
>
> $$\left[\frac{\partial^2}{\partial t^2} - \beta^2\left(\frac{\partial^2}{\partial x^2} + \frac{\partial^2}{\partial y^2}\right)\right]g(x,y,t) = 0 \qquad (13.52)$$
>
> は，平面上を伝わる波動を記述します．時刻 $t=0$ で平面の原点で外部か
> ら加わる影響を，
>
> $$\left[\frac{\partial^2}{\partial t^2} - \beta^2\left(\frac{\partial^2}{\partial x^2} + \frac{\partial^2}{\partial y^2}\right)\right]g(x,y,t) = q_0\delta(t)\delta(x)\delta(y) \qquad (13.53)$$
>
> という方程式の右辺によってとりいれます．この外部からの影響は，どの
> ように平面上を伝わっていくでしょうか．

　前節の (13.51) は，時刻 $t=0$ において $\mathbb{R}^3$ の原点に波の源があったときの，
波の伝搬をあらわしています．もし，時空の別の 1 点 $(t, x, y, z) = (t', x', y', z')$
が源だったらどうでしょうか．時空の座標を

$$t = T - a, \qquad (13.54)$$

$$x = X - b, \qquad (13.55)$$

$$y = Y - c, \qquad (13.56)$$

$$z = Z - d \qquad (13.57)$$

と置き換えてみましょう．微分は，

$$\frac{\partial}{\partial t} = \frac{\partial}{\partial T}, \qquad (13.58)$$

$$\frac{\partial}{\partial x} = \frac{\partial}{\partial X}, \qquad (13.59)$$

$$\frac{\partial}{\partial y} = \frac{\partial}{\partial Y}, \tag{13.60}$$

$$\frac{\partial}{\partial z} = \frac{\partial}{\partial Z} \tag{13.61}$$

と変換します. すると (13.51) は,

$$\left[\frac{\partial^2}{\partial T^2} - \beta^2 \left(\frac{\partial^2}{\partial X^2} + \frac{\partial^2}{\partial Y^2} + \frac{\partial^2}{\partial Z^2}\right)\right] f(X, Y, Z, T)$$

$$= q_0 \delta(T - a)\delta(X - a)\delta(Y - a)\delta(Z - a) \tag{13.62}$$

となります. ただし,

$$f(X, Y, Z, T) := \frac{q_0 \delta\left(T - a - \beta^{-1}\sqrt{(X - b)^2 + (Y - c)^2 + (Z - d)^2}\right)}{4\pi\beta^2 \sqrt{(X - b)^2 + (Y - c)^2 + (Z - d)^2}} \tag{13.63}$$

です. 単なる文字の置き換え

$$T \to t, \quad X \to x, \quad Y \to y, \quad Z \to z,$$

$$a \to t', \quad b \to x', \quad c \to y', \quad d \to z' \tag{13.64}$$

を行うと, (13.62) は,

$$\left[\frac{\partial^2}{\partial t^2} - \beta^2 \left(\frac{\partial^2}{\partial x^2} + \frac{\partial^2}{\partial y^2} + \frac{\partial^2}{\partial z^2}\right)\right] G(x, y, z, t; x', y', z', t')$$

$$= q_0 \delta(t - t')\delta(x - x')\delta(y - y')\delta(z - z') \tag{13.65}$$

となります. ただし,

$$G(x, y, z, t; x', y', z', t') := \frac{q_0 \delta\left(t - t' - \beta^{-1}\sqrt{(x - x')^2 + (y - y')^2 + (z - z')^2}\right)}{4\pi\beta^2 \sqrt{(x - x')^2 + (y - y')^2 + (z - z')^2}} \tag{13.66}$$

です. 波動方程式 (13.65) は, 時空点 $(x, y, z, t) = (x', y', z', t')$ にある波源による波の伝播を記述しています. その解 (13.66) は, 時空の 2 点 (t, x, y, z), (t', x', y', z') の関数になっていて,

$$G(t, x, y, z; t', x', y', z') = G(t', x', y', z'; t, x, y, z) \tag{13.67}$$

をみたすことにも注意しておきましょう.

$G(t, x, y, z; t', x', y', z')$ を z' について積分します. G の表式 (13.66) の右辺の分子にあるデルタ関数の中身は, z' の関数として

$$h(z') = t - t' - \frac{1}{\beta}\sqrt{(x-x')^2 + (y-y')^2 + (z-z')^2} \tag{13.68}$$

ですが, これは

$$\beta^2(t-t')^2 - (x-x')^2 - (y-y')^2 \geq 0 \tag{13.69}$$

のときにのみ

$$z' = z_\pm := z \pm \sqrt{\beta^2(t-t')^2 - (x-x')^2 - (y-y')^2} \tag{13.70}$$

においてゼロになります. そこでの微係数は,

$$h'(z_\pm) = \pm \frac{\sqrt{\beta^2(t-t')^2 - (x-x')^2 - (y-y')^2}}{\beta^2|t-t'|} \tag{13.71}$$

であたえられます. このことに注意すると, G の積分は,

$$\beta^2(t-t')^2 - (x-x')^2 - (y-y')^2 \geq 0 \tag{13.72}$$

のとき,

$$\begin{aligned}
&\int_{-\infty}^{\infty} dz' \frac{q_0 \delta(h(z'))}{4\pi\beta^2 \sqrt{(x-x')^2 + (y-y')^2 + (z-z')^2}} \\
&= \frac{q_0}{4\pi\beta^2}\left[\frac{1}{|h(z_+)|\sqrt{(x-x')^2 + (y-y')^2 + (z-z_+)^2}} \right. \\
&\quad \left. + \frac{1}{|h(z_-)|\sqrt{(x-x')^2 + (y-y')^2 + (z-z_-)^2}} \right] \\
&= \frac{q_0}{2\pi\beta\sqrt{\beta^2(t-t')^2 - (x-x')^2 - (y-y')^2}}
\end{aligned} \tag{13.73}$$

で,

$$\beta^2(t-t')^2 - (x-x')^2 - (y-y')^2 < 0 \tag{13.74}$$

のときは,

$$\int_{-\infty}^{\infty} dz' \frac{q_0 \delta(h(z'))}{4\pi\beta^2 \sqrt{(x-x')^2 + (y-y')^2 + (z-z')^2}} = 0 \tag{13.75}$$

となることがわかります．これらの2つの場合の結果は，

$$\int_{-\infty}^{\infty} G(t,x,y,z;t',x',y',z')dz' = \frac{q_0\theta(\beta^2(t-t')^2 - (x-x')^2 - (y-y')^2)}{2\pi\beta\sqrt{\beta^2(t-t')^2 - (x-x')^2 - (y-y')^2}} \tag{13.76}$$

とまとめることができます．ただし，

$$\theta(x) = \begin{cases} 1 & (x \geq 0) \\ 0 & (x < 0) \end{cases} \tag{13.77}$$

は階段関数です．z' で積分した結果 (13.76) は，z にも依存しません．そこで，

$$G_2(t,x,y;t',x',y')dz' := \int_{-\infty}^{\infty} G(t,x,y,z;t',x',y',z')$$

$$= \frac{q_0\theta(\beta^2(t-t')^2 - (x-x')^2 - (y-y')^2)}{2\pi\beta\sqrt{\beta^2(t-t')^2 - (x-x')^2 - (y-y')^2}} \tag{13.78}$$

と書きましょう．

波動方程式 (13.65) を z' について積分します．左辺を積分したものは，

$$\int_{-\infty}^{\infty} dz' \left[\frac{\partial^2}{\partial t^2} - \beta^2 \left(\frac{\partial^2}{\partial x^2} + \frac{\partial^2}{\partial y^2} + \frac{\partial^2}{\partial z^2} \right) \right] G(x,y,z,t;x',y',z',t')$$

$$= \left[\frac{\partial^2}{\partial t^2} - \beta^2 \left(\frac{\partial^2}{\partial x^2} + \frac{\partial^2}{\partial y^2} + \frac{\partial^2}{\partial z^2} \right) \right] \int_{-\infty}^{\infty} dz' G(x,y,z,t;x',y',z',t')$$

$$= \left[\frac{\partial^2}{\partial t^2} - \beta^2 \left(\frac{\partial^2}{\partial x^2} + \frac{\partial^2}{\partial y^2} + \frac{\partial^2}{\partial z^2} \right) \right] G_2(t,x,y;t',x',y')$$

$$= \left[\frac{\partial^2}{\partial t^2} - \beta^2 \left(\frac{\partial^2}{\partial x^2} + \frac{\partial^2}{\partial y^2} \right) \right] G_2(t,x,y;t',x',y') \tag{13.79}$$

となります．一方，右辺を積分すると

$$\int_{-\infty}^{\infty} dz' q_0 \delta(t-t')\delta(x-x')\delta(y-y')\delta(z-z') = q_0 \delta(t-t')\delta(x-x')\delta(y-y')$$

となります．したがって，

$$\left[\frac{\partial^2}{\partial t^2} - \beta^2 \left(\frac{\partial^2}{\partial x^2} + \frac{\partial^2}{\partial y^2} \right) \right] G_2(t,x,y;t',x',y') = q_0 \delta(t-t') \delta(x-x') \delta(y-y')$$

$$(13.80)$$

がえられます. 特に, $(t',x',z') = (0,0,0)$ とすると,

$$g(x,y,t) = G_2(t,x,y;0,0,0) = \frac{q_0 \theta(\beta^2 t^2 - x^2 - y^2)}{2\pi\beta\sqrt{\beta^2 t^2 - x^2 - y^2}} \qquad (13.81)$$

が問題の方程式 (13.53) の解になっていることがわかります. これは, 時刻 $t > 0$ において,

$$x^2 + y^2 < \beta^2 t^2 \qquad (13.82)$$

であらわされる領域, つまり半径 βt の円内でゼロでない値をとり,

$$x^2 + y^2 > \beta^2 t^2 \qquad (13.83)$$

ではゼロになります. つまり, $(t,x,y) = (0,0,0)$ での影響は速さ β で伝わることに変わりないですが, 波面が通りすぎたあとも, その影響がずっと残ることを意味しています. このことを, 「波がテールをひく」などといいます.

（解答終わり）

前節で求めた $\mathbb{R}^3$ 内の波 (13.49) と比べてみるとわかりますが, $\mathbb{R}^3$ では時空

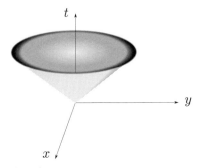

図 13.2 平面の原点に瞬間的な波源があったときの, 平面上の波の伝播：$g(t,x,y)$ を模式的にあらわしたもの. 円錐：$\beta t = \sqrt{x^2 + y^2}$ の内部にも波源の影響が残る.

点 (t, x, y, z) の影響は, 速さ β の波面として伝わり, 波面がすぎたらその影響は残りません. これがホイヘンスの原理の数学的表現になっています. $\mathbb{R}^2$ ではテールをひくという意味で, ホイヘンスの原理は適用できません.

空間の次元がいくつであっても波動方程式を考えることはできます. 一般に, 空間の次元が3以上の奇数のときはホイヘンスの原理が成り立っていて, 偶数のときには成り立たないことが知られています. 今, 空間が2次元のとき, このことを示しました.

雷を考えてみるとよいと思いますが, 例えば雷が鉛直線上に落ちたとします. 雷の各点はほぼ同時に音波を発しますので, 雷を同心軸とした円筒状に音波は音速で広がっていきます. これは水平面に射影して, 2次元の波動と解釈できます. それを遠くにいる人が聴くと, しばらくゴロゴロと鳴っているように聴こえます. あれは雷がしばらく音波を発しているのではなく, 2次元の波動だからテールをひいているためです.

13.6 群速度

> ■問題 波束というのは, 空間的に局在した波のことです. 波数 k の関数
> $$g(k) = \exp\left(-\frac{(k - k_0)^2}{2a^2}\right), \qquad (a > 0) \tag{13.84}$$
> はある波数 k_0 でピークをもち, 急速にゼロに近づく正値の関数です. 正弦波の重ね合わせ
> $$f(x, t) = \int_{-\infty}^{\infty} g(k) \sin(kx - \omega(k)t) dk \tag{13.85}$$
> であらわされる波は, 波束をあらわしています. ただし, $\omega(k)$ は波数のなめらかな関数です. この波束の群速度, つまり波のピークが空間を進む速度を求めてください.

波 $f(x,t)$ の波数による積分範囲は実数全体ですが，主に積分に寄与するのは $k = k_0$ のまわりの狭い範囲のみです．そこで，$\omega(k)$ を

$$\omega(k) \approx \omega(k_0) + \omega'(k_0)(k - k_0) \tag{13.86}$$

と近似することができます．この近似のもとで，

$$f(x,t) \approx \int_{-\infty}^{\infty} g(k) \sin\left[-\omega(k_0)t - \omega'(k_0)k_0t + k\left(x - \omega'(k_0)t\right)\right] dk$$

$$= \cos\left[\omega(k_0)t + \omega'(k_0)k_0t\right] G(x - \omega'(k_0)t)$$

$$- \sin\left[\omega(k_0)t + \omega'(k_0)k_0t\right] H(x - \omega'(k_0)t) \tag{13.87}$$

となります．ただし，

$$G(x) = \int_{-\infty}^{\infty} g(k) \sin kx\, dk, \tag{13.88}$$

$$H(x) = \int_{-\infty}^{\infty} g(k) \cos kx\, dk \tag{13.89}$$

です．

波数空間上の関数 $g(k)$ は，波数 k の正弦波 $\sin(kx - \omega t)$ をどれだけの割合で重ね合わせるかという，波のスペクトルをあらわしています．今は，$g(k)$ の具体的な形があたえられているので，$G(x)$ や $H(x)$ は直接求められます．$G(x)$ と $H(x)$ の複素線型結合をとって，

$$H(x) + iG(x) = \int_{-\infty}^{\infty} \exp\left(-\frac{(k - k_0)^2}{2a^2}\right) e^{ikx} dk$$

$$= e^{-a^2x^2/2} e^{ik_0x} \int_{-\infty}^{\infty} \exp\left(-\frac{(k - k_0 - ia^2x)^2}{2a^2}\right) dk$$

$$= \sqrt{2\pi} a e^{-a^2x^2/2} e^{ik_0x} \tag{13.90}$$

ですので，

$$G(x) = \sqrt{2\pi} a e^{-a^2x^2/2} \sin k_0 x, \tag{13.91}$$

$$H(x) = \sqrt{2\pi} a e^{-a^2x^2/2} \cos k_0 x \tag{13.92}$$

となります．$G(x)$ も $H(x)$ も $x = 0$ のまわりの，幅がだいたい $1/a$ くらいの波

束をあらわしています.

$G(x)$ や $H(x)$ が波束になっているのは, $g(k)$ が a 程度の幅をもつ関数だということから来ています. $g(k)$ を $k = k_0$ を中心とする, a 程度の幅をもつ関数とするとき, 積分

$$\int_{-\infty}^{\infty} g(k)\sin kx\, dk, \quad \int_{-\infty}^{\infty} g(k)\cos kx\, dk \tag{13.93}$$

を考えると, 積分に主に寄与するのは k 空間の区間 $[k_0 - a, k_0 + a]$ の部分です. 被積分関数は, $|x| \gg 1/a$ のときにこの区間で何周期も振動するので, 積分の値はゼロに近くなります. $g(k)$ が今のようにガウス型の関数でなくても, $g(k)$ が幅 a の関数なら $G(x)$, $H(x)$ は幅 $1/a$ の波束になります.

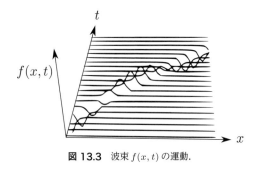

図 13.3 波束 $f(x,t)$ の運動.

そこで, あらためて (13.87) をながめると, 波は各時刻 t で中心が

$$x = \omega'(k_0)t \tag{13.94}$$

にある, 幅が $1/a$ の波束だとわかります. つまり, 波束は速度

$$v_g := \omega'(k_0) \tag{13.95}$$

で移動していることになります.

$\omega(k)$ は波数 k の正弦波の振動数をあたえており, このような波数と振動数の関係を分散関係といいます. 波のスペクトル $g(k)$ の中心の値 k_0 での分散関係の微係数 $\omega'(k_0)$ が波束の速度となり, 群速度といいます. （解答終わり）

波数空間でのスペクトル $g(k)$ の幅と，実空間での波束の幅は互いに逆数の関係にあります．空間的に局在した波は広い波数域にわたる波を合成してできていることになります．

ここで，途中であらわれた積分についておさらいしておきましょう．基本的なのは，

$$I = \int_{-\infty}^{\infty} e^{-x^2} dx = \sqrt{\pi} \tag{13.96}$$

です．これは，$\mathbb{R}^2$ の極座標 (r, ϕ) での積分要素が $rdrd\phi$ となることに注意して，

$$
\begin{aligned}
I^2 &= \int_{-\infty}^{\infty} e^{-x^2} dx \int_{-\infty}^{\infty} e^{-y^2} dy \\
&= \int_{\mathbb{R}^2} e^{-x^2-y^2} dx dy \\
&= \int_{\mathbb{R}^2} e^{-r^2} r dr d\phi \\
&= 2\pi \int_0^{\infty} \frac{d}{dr} \left(-\frac{e^{-r^2}}{2} \right) dr \\
&= \pi \tag{13.97}
\end{aligned}
$$

からわかります．すると，$c > 0$ に対して，

$$\int_{-\infty}^{\infty} e^{-x^2/c^2} dx = c \int_{-\infty}^{\infty} e^{-x^2/c^2} d\frac{x}{c} = c\sqrt{\pi} \tag{13.98}$$

です．さらに，$c > 0$ と任意の複素数 α に対して，

$$\int_{-\infty}^{\infty} e^{-(x-\alpha)^2/c^2} = c\sqrt{\pi} \tag{13.99}$$

となっています．このように，2次多項式で2次の係数が負になっているものの指数関数の，$\mathbb{R}$ 上の積分をガウス積分といいます．

● 第14章 ●

水の力学

水のように連続的に分布していて，形が自由自在に変わるような物体は「流体」として記述します．流体を扱う体系は「流体力学」ですが，それがどんなものなのか，少しだけ覗いておきましょう．

水は無数の水分子からできていて，水分子は質点ですので，原理的には質点の力学で記述できそうなものです．でも，そうするとあまりに複雑で，人間には解くことができないか，解けたとしても，とても理解できないでしょうから，別の見方をすることになります．

水分子のひとつひとつは，勝手な方向に激しく運動して，お互いにぶつかったりもしているのですが，水分子が十分たくさん集まった，空間的に小さな領域で水分子の運動を平均すると，無数の水分子がひとかたまりの集団として運動していると想像することができます．そのような水分子の集団が空間を埋め尽くして流れをつくっていると考えたものが流体です．そうすると，ひとつひとつの水分子の運動のことを忘れて，水全体の運動がとても考えやすくなります．

14.1　連続の式

流体を記述する力学変数は，空間の位置 x における，単位体積あたりの質量密度 $\rho(t, x)$，流体の速度 $v(t, x)$ です．その他にその点における温度 $T(t, x)$，圧力 $P(t, x)$ などがあります．温度や圧力が場所や時間によるので，熱平衡状態ではないですが，局所熱平衡状態，つまり空間の狭い領域では熱平衡状態にあると考えています．

さて，空間の領域 Λ を考えます．Λ は閉曲面 Σ に囲まれていて，Σ 上の外向きの単位法ベクトル場を n とします．

Λ 内の流体の質量 M_Λ は

$$M_\Lambda = \int_\Lambda \rho \; dxdydz \tag{14.1}$$

です.

問題 流体の質量密度を $\rho(t, \boldsymbol{x})$, 速度を $\boldsymbol{v}(t, \boldsymbol{x})$ とするとき, 連続の式

$$\dot{\rho} + \nabla \cdot (\rho \boldsymbol{v}) = 0 \tag{14.2}$$

が質量の保存をあらわすことを説明してください.

水などを考えると ρ は空間的にも時間的にも一定のような気がします. そういうものは非圧縮性流体といいます. しかし強い圧力がかかったり, 流れが速かったりすると, どんなものでも少しは圧縮されます. 一般には ρ は空間的にも時間的にも変化するものだと考えます. そうすると, 流体の流れによって, Λ 内の流体は時々刻々と入れ替わりますので, Λ 内の質量も時間変化します. その時間変化率は,

$$\frac{d}{dt} \int_\Lambda \rho \; dxdydz = \int_\Lambda \dot{\rho} \; dxdydz \tag{14.3}$$

です. ただし,

$$\dot{\rho} = \partial_t \rho \tag{14.4}$$

と書いています. 式 (14.3) において, 微分と積分の順序を入れ替えていますが, ρ が t についてなめらかな関数のときはこういうことをしてもよいです. 領域 Λ 内の流体は, Σ での速度 $\boldsymbol{v}$ が外向きのところでは Σ を通過して外に流出しますし, $\boldsymbol{v}$ が内向きなら流体が外から流入してきます. 閉曲面 Σ の微小面積 dS を通して微小時間 dt の間に流出する流体の質量は

$$\rho \boldsymbol{v} \cdot \boldsymbol{n} dS dt \tag{14.5}$$

です. これは $\boldsymbol{v} \cdot \boldsymbol{n} > 0$ なら質量の流出, $\boldsymbol{v} \cdot \boldsymbol{n} < 0$ なら質量の流入をあらわし

ます．したがって，Σ から単位時間あたりに流出する流体の質量は

$$\int_\Sigma \rho \boldsymbol{v} \cdot \boldsymbol{n}\ dS = \int_\Lambda \nabla \cdot (\rho \boldsymbol{v})\ dxdydz \tag{14.6}$$

となります．ここでは発散定理を用いました．質量が保存するということは，Λ 内の質量の変化が，流体の流出/流入にのみよっていて，他の原因がないということなので，

$$\int_\Lambda \dot{\rho}\ dxdydz = -\int_\Lambda \nabla \cdot (\rho \boldsymbol{v})\ dxdydz \tag{14.7}$$

が成り立ちます．これが任意の領域 Λ で成り立つことと，連続の式

$$\dot{\rho} + \nabla \cdot (\rho \boldsymbol{v}) = 0 \tag{14.8}$$

は等価です． （解答終わり）

なお，連続の式は

$$\dot{\rho} + \nabla_{\boldsymbol{v}} \rho = -\rho \nabla \cdot \boldsymbol{v} \tag{14.9}$$

と書くこともできます．ただし，

$$\nabla_{\boldsymbol{v}} = \boldsymbol{v} \cdot \nabla = v_x \partial_x + v_y \partial_y + v_z \partial_z \tag{14.10}$$

です．

流体は無数の分子の集団を粒子のようにみなして，その粒子の運動を考えます．そのような流体の粒子を流体素片といいます．流体素片の1つに着目して，その運動を $\boldsymbol{x}(t)$ としたとき，$\boldsymbol{v} = \dot{\boldsymbol{x}}$ となっています．流体素片の質量密度を $\rho(t, \boldsymbol{x}(t))$ と考えたとき，

$$\frac{d}{dt}\rho(t, \boldsymbol{x}(t)) = \partial_t \rho + \dot{\boldsymbol{x}} \cdot \nabla \rho = \dot{\rho} + \nabla_{\boldsymbol{v}} \rho \tag{14.11}$$

となります．すると，(14.9) は，流体素片の質量密度の時間変化率をあらわす式だと解釈できます．

連続の式は何かの保存則があるときに，一般的にその保存則をあらわす式になっています．一般的な形は

$$\partial_t(密度) + \nabla \cdot (流束) = 0 \tag{14.12}$$

です．質量密度の場合は，対応する流束が ρv になっていることになります．電磁気学には，電荷保存則がありますが，「密度」に電荷密度，「流束」に電流密度が対応します．

14.2　オイラーの運動方程式

　連続の式は，流体の質量が保存することを意味するものでしたが，粘性のない流体の運動量の保存則を考えてみましょう．すると，流体の運動方程式があたえられます．

> ■■問題■■　粘性のない流体の運動方程式が
>
> $$\dot{v} + \nabla_u v = -\frac{1}{\rho}\nabla P + g \tag{14.13}$$
>
> であたえられることを説明してください．P は圧力，g は重力加速度です．

　流体の運動量は，運動量密度としてあらわされます．運動量密度は ρv です．したがって空間の固定された領域 Λ 内の運動量 p_Λ は

$$p_\Lambda = \int_\Lambda \rho v \; dxdydz \tag{14.14}$$

となります．

　Λ の流体の運動量 p_Λ は，境界 Σ を通じて出入りするので，その分だけ変化します．Σ の微小面積 dS を通じて，微小時間 dt の間に流入する運動量の $i = 1, 2, 3$ 成分は，

$$-\rho v_i v \cdot n \; dSdt \tag{14.15}$$

です．Σ 上で積分すると，

$$-\left(\int_{\Sigma} \rho v_i \boldsymbol{v} \cdot \boldsymbol{n} \, dS\right) \times dt = -\left(\int_{\Lambda} \nabla \cdot (\rho v_i \boldsymbol{v}) \, dxdydz\right) \times dt$$
$$= -\left(\int_{\Lambda} [\rho \nabla_{\boldsymbol{v}} v_i + v_i \nabla \cdot (\rho \boldsymbol{v})] \, dxdydz\right) \times dt$$

$$(14.16)$$

となります．また p_Λ は，Σ を通じて流体の他の部分から力を受けるので，その力積の分だけ変化します．粘性のない場合，受ける力は等方的な，つまり力を受ける面の方向によらない，圧力によるものです．微小時間 dt の間に，Σ の微小面積 dS にかかる圧力 P による力積は，

$$-P\boldsymbol{n} \, dSdt \tag{14.17}$$

です．これの $i = 1, 2, 3$ 成分は

$$-P\boldsymbol{e}_i \cdot \boldsymbol{n} \, dSdt \tag{14.18}$$

です．ただし，

$$\boldsymbol{e}_1 = (1, 0, 0), \tag{14.19}$$

$$\boldsymbol{e}_2 = (0, 1, 0), \tag{14.20}$$

$$\boldsymbol{e}_3 = (0, 0, 1) \tag{14.21}$$

です．したがって，Σ で積分すると

$$-\left(\int_{\Sigma} P\boldsymbol{e}_i \cdot \boldsymbol{n} \, dS\right) \times dt = -\left(\int_{\Lambda} \nabla \cdot (P\boldsymbol{e}_i) \, dxdydz\right) \times dt$$
$$= -\left(\int_{\Lambda} (\nabla P)_i \, dxdydz\right) \times dt \tag{14.22}$$

が力積の $i = 1, 2, 3$ 成分をあたえます．ということは，この効果による力積は単に

$$-\left(\int_{\Lambda} \nabla P \, dxdydz\right) \times dt \tag{14.23}$$

とすればよいです．

また，重力があれば，それによっても変化します．重力加速度を $\boldsymbol{g}$ とすれば，

微小時間 dt の間に Λ 内の流体が受ける力積は

$$\left(\int_\Lambda \rho \boldsymbol{g} \; dxdydz \right) \times dt \tag{14.24}$$

となります.

　領域 Λ の運動量 p_Λ の時間変化率は,

$$\frac{dp_\Lambda}{dt} = \int_\Lambda (\dot{\rho}\boldsymbol{v} + \rho\dot{\boldsymbol{v}}) \; dxdydz \tag{14.25}$$

ですが, それは力積 (14.16), (14.23), (14.24) によって説明されるので,

$$\int_\Lambda (\dot{\rho}\boldsymbol{v} + \rho\dot{\boldsymbol{v}}) = -\int_\Lambda \{\rho\nabla_{\boldsymbol{v}}\boldsymbol{v} + [\nabla \cdot (\rho\boldsymbol{v})]\boldsymbol{v}\} \; dxdydz$$
$$-\int_\Lambda \nabla P \; dxdydz + \int_\Lambda \rho\boldsymbol{g} \; dxdydz \tag{14.26}$$

が任意の領域 Λ に対して成り立ちます. したがって,

$$[\dot{\rho} + \nabla \cdot (\rho\boldsymbol{v})]\boldsymbol{v} + \rho(\dot{\boldsymbol{v}} + \nabla_{\boldsymbol{v}}\boldsymbol{v}) = -\nabla P + \rho\boldsymbol{g} \tag{14.27}$$

となります. 連続の式を使うと, 左辺の第1項は消えて, 運動方程式

$$\dot{\boldsymbol{v}} + \nabla_{\boldsymbol{v}}\boldsymbol{v} = -\frac{1}{\rho}\nabla P + \boldsymbol{g} \tag{14.28}$$

がえられます. 　　　　　　　　　　　　　　　　　　　　　（解答終わり）

14.3　ベルヌーイの定理

　■問題■　粘性のない流体の定常状態を考えます. 流体の流れは定常的で, 圧力は質量密度のみの関数 $P(\rho)$ としてあらわされるとします. 流体の速さを v, 重力ポテンシャルを u とし,

$$w(\rho) = \int^\rho \frac{P'(s)}{s}ds \tag{14.29}$$

とするとき, 流れに沿って

$$B = \frac{v^2}{2} + w + u \tag{14.30}$$

は一定になることを示してください.

　圧力が

$$P = P(\rho) \tag{14.31}$$

と質量密度の関数になっているとき，流体は順圧的だといいます．順圧的なとき，

$$w(\rho) = \int^{\rho} \frac{P'(s)}{s} ds \tag{14.32}$$

が積分定数を除いて定義できます．こうしておくと，

$$\nabla w = w'(\rho)\nabla\rho = \frac{P'(\rho)}{\rho}\nabla\rho = \frac{1}{\rho}\nabla P \tag{14.33}$$

となっています.

　それから重力加速度は,

$$\boldsymbol{g} = -\nabla u \tag{14.34}$$

と，重力ポテンシャル u を用いてあらわせます.

　また,

$$
\begin{aligned}
[\boldsymbol{v} \times (\nabla \times \boldsymbol{v})]_i &= \sum_{j,k,l,m} \epsilon_{ijk} v_j \epsilon_{klm} \partial_l v_m \\
&= \sum_{j,l,m} (\delta_{il}\delta_{jm} - \delta_{im}\delta_{jl}) v_j \partial_l v_m \\
&= \sum_j (v_j \partial_i v_j - v_j \partial_j v_i)
\end{aligned} \tag{14.35}
$$

より

$$\boldsymbol{v} \times (\nabla \times \boldsymbol{v}) = \frac{1}{2}\nabla v^2 - \nabla_{\boldsymbol{v}}\boldsymbol{v} \tag{14.36}$$

が成り立ちます．ただし，$v := \|\boldsymbol{v}\|$ は流体の速さの場です．

式 (14.33), (14.34), (14.36) を用いて運動方程式を書き換えると，

$$\dot{\boldsymbol{v}} = \boldsymbol{v} \times \boldsymbol{\omega} - \nabla B \tag{14.37}$$

となります．ただし，

$$B = \left(\frac{v^2}{2} + w + u \right) \tag{14.38}$$

で，

$$\boldsymbol{\omega} = \nabla \times \boldsymbol{v} \tag{14.39}$$

を渦度といいます．

流れが定常的なとき，$\dot{\boldsymbol{v}} = \boldsymbol{0}$ です．すると，

$$\nabla B = \boldsymbol{v} \times \boldsymbol{\omega} \tag{14.40}$$

となり，両辺と $\boldsymbol{v}$ の内積をとると，

$$\nabla_{\boldsymbol{v}} B = 0 \tag{14.41}$$

となります．これは，B の $\boldsymbol{v}$ の接線方向の微分がゼロだという意味です．各点でベクトル場 $\boldsymbol{v}$ に接する曲線，つまり $\boldsymbol{v}$ の積分曲線を流線といいます．各時刻で，B は任意の流線に沿って一定だということになります．また，v, w, u は各点で時間変化しないので，B も時間的に一定だということにも注意しておきましょう．ただし，B は流線ごとに異なる値でもかまいません．（解答終わり）

定常的な粘性のない流体について，B が流線上で一定になるという主張は，ベルヌーイの定理として知られています．流れが定常的なとき，(14.40) より

$$\nabla_{\boldsymbol{\omega}} B = 0 \tag{14.42}$$

も成り立ちます．これは B が渦線，つまり $\boldsymbol{\omega}$ の積分曲線，に沿って一定になっていることを示しています．

14.4　蛇口から出る水の速度

ベルヌーイの定理の，典型的な応用例です．

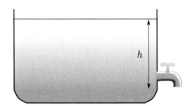

図 14.1　蛇口のついた水槽.

　水には粘性がありますが，小さいので無視します．また，水は順圧的だとみなせます．水圧は水の深さで変化しますが，このとき，ρ は圧力の増加関数として $\rho = \rho(P)$ となっています．ただ，この関数は P の変化にともなって緩やかにしか増加しないので，ρ は定数として扱います．

　ベルヌーイの定理における B の中の w は，

$$w = \frac{P}{\rho} \tag{14.43}$$

とします．こうしておくと，

$$\nabla w = \frac{1}{\rho} \nabla P \tag{14.44}$$

となっていて，ベルヌーイの定理が使えるようになります．重力ポテンシャルは水面を基準にとると，

$$u = -gz \tag{14.45}$$

です．したがって，

$$B = \frac{v^2}{2} + \frac{P}{\rho} - gz \tag{14.46}$$

が流線に沿って一定になります．

蛇口を通る流線は，水槽の水面とつながっているでしょう．水面も，蛇口も
どちらも大気に触れているので水圧は大気圧 P_0 です．したがって，水面では

$$B = \frac{P_0}{\rho}, \tag{14.47}$$

蛇口では

$$B = \frac{v^2}{2} + \frac{P_0}{\rho} - gh \tag{14.48}$$

です．これらが等しいので，

$$v = \sqrt{2gh} \tag{14.49}$$

となります．　　　　　　　　　　　　　　　　　　　　　　（解答終わり）

14.5　水の抵抗

　球体が水の流れから受ける力は，球体の半径と速度に比例するというストー
クスの法則にしたがいます．これを導くには，流体の運動方程式の定常解を適
当な境界条件のもとで見つける必要があります．少し複雑になりますが，どの
ような解になるのか調べてみましょう．

　■問題■　水を粘性係数が ν，密度 ρ の非圧縮性流体として扱います．重
力を無視すると，運動方程式は

$$\dot{\boldsymbol{v}} + \nabla_{\boldsymbol{v}} \boldsymbol{v} = -\frac{1}{\rho} \nabla P + \nu \triangle \boldsymbol{v} \tag{14.50}$$

であたえられます．

　一方向に一様にゆっくり流れる水の中に，半径 a の球体が固定されてい

るとき，球体が水から受ける抵抗力はいくらでしょうか．

　流れは定常的ですので，$\dot{\boldsymbol{v}} = \boldsymbol{0}$ です．流れがゆっくりということから，$\nabla_{\boldsymbol{v}} \boldsymbol{v}$ の項を無視します．

　運動方程式

$$\triangle \boldsymbol{v} = \frac{1}{\rho \nu} \nabla P \tag{14.51}$$

と連続の式

$$\nabla \cdot \boldsymbol{v} = 0 \tag{14.52}$$

を解くことになります．ただし，$\triangle$ はベクトルラプラシアンで，

$$(\triangle \boldsymbol{v})_i = (\partial_x^2 + \partial_y^2 + \partial_z^2) v_i, \qquad (i = 1, 2, 3) \tag{14.53}$$

のことです．

　球体の中心を空間の原点にとると，境界条件は球体の表面で，水が静止していること，

$$\boldsymbol{v} = \boldsymbol{0}, \qquad (x^2 + y^2 + z^2 = a^2) \tag{14.54}$$

と，無限遠では一様な流れをもつこと，

$$\boldsymbol{v} \to (0, 0, v), \qquad (x^2 + y^2 + z^2 \to \infty) \tag{14.55}$$

となります．

　この境界条件のもとでの解は簡単なものが知られているので，以下ではそれを説明します．

　まず，式 (14.51) の両辺の発散をとり，式 (14.52) を用いると，

$$\triangle P = 0 \tag{14.56}$$

と，水圧 P は調和関数だとわかります．

　まず，調和関数 P としては

$$P = P_0 + \frac{cz}{r} \tag{14.57}$$

を選びます．すると，運動方程式 (14.51) は，

$$\triangle v_x = -\frac{3cxz}{\rho\nu r^5}, \tag{14.58}$$

$$\triangle v_y = -\frac{3cyz}{\rho\nu r^5}, \tag{14.59}$$

$$\triangle v_z = \frac{c(x^2 + y^2 - 2z^2)}{\rho\nu r^5} \tag{14.60}$$

となります．境界条件を気にしないで，1つ解を見つけることにします．解の形としては，

$$v_x, v_y, v_z = \frac{\sum_{i,j=1}^{3} C_{ij} x_i x_j}{r^3} \tag{14.61}$$

を仮定すると，(14.58), (14.59), (14.60) の解として，

$$v_x = \frac{A_1}{r} + \frac{cxz}{2\rho\nu r^3}, \tag{14.62}$$

$$v_y = \frac{A_2}{r} + \frac{cyz}{2\rho\nu r^3}, \tag{14.63}$$

$$v_z = \frac{A_3}{r} + \frac{cz^2}{2\rho\nu r^3} \tag{14.64}$$

が見つかります．さらに，(14.52) をみたすためには，

$$A_1 = 0, \tag{14.65}$$

$$A_2 = 0, \tag{14.66}$$

$$A_3 = \frac{c}{2\rho\nu} \tag{14.67}$$

でなければなりません．こうして，境界条件をみたさない (14.51), (14.52) の解

$$\boldsymbol{w} = \frac{c}{2\rho\nu} \left(\frac{xz}{r^3}, \frac{yz}{r^3}, \frac{r^2 + z^2}{r^3} \right) \tag{14.68}$$

がえられます．これは解の一例にすぎません．一般の解は，$\boldsymbol{u}$ を

$$\triangle \boldsymbol{u} = \boldsymbol{0}, \tag{14.69}$$

$$\nabla \cdot \boldsymbol{u} = 0 \tag{14.70}$$

をみたすものとして，

$$\boldsymbol{v} = \boldsymbol{u} + \boldsymbol{w} \tag{14.71}$$

とあたえられます．これが，(14.51), (14.52) の解になっていることは，簡単に確かめられます．

そこで，$\boldsymbol{v}$ が境界条件をみたすような $\boldsymbol{u}$ を見つけることにします．そのようなものとして，

$$u_x = C_1 + \frac{Dxz}{r^5}, \tag{14.72}$$

$$u_y = C_2 + \frac{Dyz}{r^5}, \tag{14.73}$$

$$u_z = C_3 - \frac{D(r^2 - 3z^2)}{3r^5} \tag{14.74}$$

という形のものを考えれば十分です．これは，(14.69), (14.70) の解になっています．

球体の表面，つまり $r = a$ で $\boldsymbol{v} = \boldsymbol{0}$ となるためには，

$$C_1 = 0, \tag{14.75}$$

$$C_2 = 0, \tag{14.76}$$

$$C_3 = -\frac{2c}{3a\rho\nu}, \tag{14.77}$$

$$D = -\frac{ca^2}{2\rho\nu} \tag{14.78}$$

でなければなりません．そうすると，

$$v_x = \frac{c}{2\rho\nu}\frac{(r^2 - a^2)xz}{r^5}, \tag{14.79}$$

$$v_y = \frac{c}{2\rho\nu}\frac{(r^2 - a^2)yz}{r^5}, \tag{14.80}$$

$$v_z = -\frac{2c}{3a\rho\nu} + \frac{c}{2\rho\nu}\frac{(r^2 + z^2)}{r^3} + \frac{ca^2}{6\rho\nu}\frac{(r^2 - 3z^2)}{r^5} \tag{14.81}$$

と求まります．

無限遠での境界条件をみたすためには,

$$c = -\frac{3va\rho\nu}{2} \tag{14.82}$$

でなければなりません. 結局, 境界条件をみたす解は

$$v_x = -\frac{3v}{4}\frac{a(r^2 - a^2)xz}{r^5}, \tag{14.83}$$

$$v_y = -\frac{3v}{4}\frac{a(r^2 - a^2)yz}{r^5}, \tag{14.84}$$

$$v_z = v - \frac{3v}{4}\frac{a(r^2 + z^2)}{r^3} - \frac{v}{4}\frac{a^3(r^2 - 3z^2)}{r^5} \tag{14.85}$$

となります. また, 圧力は

$$P = P_0 - \frac{3va\rho\nu}{2}\frac{z}{r} \tag{14.86}$$

となることもわかります.

球体の表面で水の圧力が一定ではないことから, 水圧による力を受けます. 球体の表面上で

$$x = a\sin\theta\cos\phi, \tag{14.87}$$

$$y = a\sin\theta\cos\phi, \tag{14.88}$$

$$z = a\cos\theta \tag{14.89}$$

とします. 球体の表面上の外向きの単位法ベクトルは

$$\boldsymbol{n} = \frac{(x, y, z)}{a} = (\sin\theta\cos\phi, \sin\theta\cos\phi, \cos\theta) \tag{14.90}$$

です. すると, 球体表面に働く単位面積あたりの力は

$$-P\boldsymbol{n} = -\left(P_0 - \frac{3va\rho\nu}{2}\cos\theta\right)(\sin\theta\cos\phi, \sin\theta\cos\phi, \cos\theta) \tag{14.91}$$

です. これを球体表面で積分すればよいのですが, 積分してゼロでないのは, z 方向の成分のみで, それを F_p と書くと,

$$F_p = -\int Pn_z a^2 \sin\theta d\phi$$

$$= -\int_0^\pi \left(P_0 - \frac{3va\rho\nu}{2}\cos\theta\right)a^2\sin\theta\cos\theta d\theta \int_0^{2\pi} d\phi$$

$$= 2\pi v a \rho \nu \tag{14.92}$$

となります.

　球体が受ける力は，水圧によるものだけではありません．粘性のある非圧縮性流体は，球体の表面で

$$\boldsymbol{f} = \rho\nu \int \sum_{i=1}^{3} (\partial_i \boldsymbol{v}) n_i dS \tag{14.93}$$

であたえられる粘性力を受けます．それは以下のようにしてわかります．運動方程式から，粘性のある非圧縮性流体は単位体積あたり，$\rho\nu \triangle \boldsymbol{v}$ という粘性力を受けます．すると，閉曲面 Σ で囲まれた領域 Λ の受ける粘性力は，発散定理を用いて

$$\int_{\Lambda} \rho\nu \triangle \boldsymbol{v} dxdydz = \rho\nu \int_{\Lambda} \sum_{i=1}^{3} \partial_i (\partial_i \boldsymbol{v}) dxdydz = \rho\nu \int_{\Sigma} \sum_{i=1}^{3} (\partial_i \boldsymbol{v}) n_i dS$$

$$\tag{14.94}$$

となるからです.

　粘性力 $\boldsymbol{f}$ は z 方向の成分のみがゼロでなくて，それを F_v とすると，

$$F_v = 4\pi v a \rho \nu \tag{14.95}$$

となります．したがって，球体の受ける力は

$$F_p + F_v = 6\pi v a \rho \nu \tag{14.96}$$

であたえられます.

　　　　　　　　　　　　　　　　　　　　　　　　　　（解答終わり）

● 第 15 章 ●

第 15 章

雑多な問題たち

15.1　宇宙船の問題

　燃料を吹き出して加速するロケットのように，物体の一部が分離して質量が変化するものの運動を考えてみましょう．

■■■ 問題 ■■■　宇宙船が無重力空間を漂っているとしましょう．最初，時刻 $t < 0$ では等速直線運動をしているのですが，時刻 $t \geq 0$ では後方にガスを一定の割合で噴射することによって加速します．このとき宇宙船はどのような運動をするでしょうか．

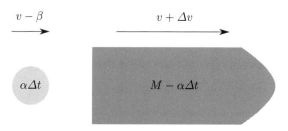

図 15.1　無重力空間を走行する宇宙船.

　この問題で面白いのは，宇宙船は燃料を積んでいて，燃料が消費されるにつれて宇宙船プラス燃料の質量が減少していくところです．

　運動の方向を x 軸にとって考えていきましょう．時刻 $t = 0$ でガスの噴射がはじまったとします．宇宙船と燃料を合わせた質量を M としましょう．これは，t の関数になります．宇宙船は単位時間あたり，質量 α のガスを宇宙船に

対して速さ β で後方に噴射するとします.

　宇宙船の時刻 t における速度を v, 時刻 $t + \Delta t$ における速度を $v + \Delta v$ とします. この間, 質量 $\alpha \Delta t$ のガスが宇宙船から分離して, 速度 $v - \beta$ のガスのかたまりになると考えると, 運動量の保存則は,

$$Mv = (M - \alpha \Delta t)(v + \Delta v) + (\alpha \Delta t)(v - \beta) \tag{15.1}$$

となります. この式は

$$M \Delta v - \alpha \Delta t \Delta v - \alpha \beta \Delta t = 0 \tag{15.2}$$

なので, Δt で割って $\Delta t \to 0$ とすると,

$$M \dot{v} = \alpha \beta \tag{15.3}$$

となります. ただし,

$$M = M_0 - \alpha t \tag{15.4}$$

だということに注意しましょう. $t = 0$ で $v = v_0$ の初期条件で解くと,

$$
\begin{aligned}
v &= v_0 + \int_0^t \frac{\alpha \beta}{M_0 - \alpha s} ds \\
&= v_0 + \beta \log \frac{M_0}{M_0 - \alpha t}
\end{aligned} \tag{15.5}
$$

となります.

　$t \to M_0/\alpha$ で $v \to \infty$ となりますが, そうなる前に燃料を使い果たしてしまうでしょう. 宇宙船に積んである燃料の質量が pM_0 $(0 < p < 1)$ だったとしましょう. すると, 燃料は $t = pM_0/\alpha$ で使い果たされます. このときの宇宙船の速度を v_1 とすると,

$$v_1 - v_0 = \beta \log \frac{1}{1 - p} \tag{15.6}$$

です. ですから, 宇宙船が燃料を使い果たして獲得する速度は, 燃料を噴出する速さ β に比例しています. （解答終わり）

　エンジンの出力を調べてみましょう. Δt の間に, 質量 $\alpha \Delta t$ の燃料を吹き出

したと考えます．宇宙船の静止系で考えて，宇宙船のえる速度 Δv_0 は，運動量保存則

$$-(\alpha\Delta t)\beta + (M - \alpha\Delta t)\Delta v_0 = 0 \tag{15.7}$$

より，

$$\Delta v_0 = \frac{\alpha\beta\Delta t}{M - \alpha\Delta t} \tag{15.8}$$

です．したがって，燃料と宇宙船のえる力学的エネルギー ΔK_0 は，

$$\Delta K_0 = \frac{1}{2}(\alpha\Delta t)\beta^2 + \frac{1}{2}(M - \alpha\Delta t)\left(\frac{\alpha\beta\Delta t}{M - \alpha\Delta t}\right)^2 \tag{15.9}$$

となります．これから，

$$\frac{\Delta K_0}{\Delta t} = \frac{\alpha\beta^2}{2} + \frac{\alpha^2\beta^2\Delta t}{2(M - \alpha\Delta t)} \tag{15.10}$$

となります．$\Delta t \to 0$ の極限をとると，

$$\frac{dK_0}{dt} = \frac{\alpha\beta^2}{2} \tag{15.11}$$

です．これがエンジンが単位時間あたりにする仕事です．上では β が一定だと仮定しましたが，それはエンジンの出力が一定だと仮定するのと同じことです．

15.2　すべり落ちる鎖

　鎖が机からすべり落ちる問題です．机の上にのっている部分と机から垂れ下がっている部分があり，時間とともに垂れ下がっている部分が増えていくので，少し複雑になっています．

■問題■　　長さ l の鎖がなめらかで水平な机の上に置いてあります．鎖は机の上でまっすぐに横たわっていて，最初鎖の右端と机の右端は一致した位置にあります．時刻 $t = 0$ で，鎖の右端を a だけ引っ張って，机の右端に垂れ下げたところ，鎖の重みですべり落ちてしまいました．このときの

運動はどうなるでしょうか.

図 15.2 すべり落ちる鎖.

　鎖は各時刻で，右端から x の部分が机の右端からまっすぐ垂れ下がっていて，残りの $l - x$ の部分が机の上にまっすぐ横たわっていると考えましょう．この問題では机は鎖に対して仕事をしないので，力学的エネルギーが保存します．机の高さを位置エネルギーの原点にとると，鎖が x だけ垂れ下がっているときの位置エネルギーは

$$U = -\frac{Mx}{l} \times g \times \frac{x}{2} = -\frac{Mgx^2}{2l} \tag{15.12}$$

です．鎖の垂れ下がっている部分の質量が Mx/l で，重心の高さが $-x/2$ となるからです．

　一方，鎖の各部分はどこも速さが $\dot{x}$ なので，運動エネルギーは，

$$K = \frac{M}{2}\dot{x}^2 \tag{15.13}$$

です．力学的エネルギーは $t = 0$ で

$$E = U|_{x=a} = -\frac{Mga^2}{2l} \tag{15.14}$$

です．したがって，力学的エネルギーの保存則は，

$$K + U = \frac{M}{2}\dot{x}^2 - \frac{Mgx^2}{2l} = -\frac{Mga^2}{2l} \tag{15.15}$$

となります．普通に積分してもいいのですが，賢い解き方があります．7.4 節の惑星の軌道の求め方と比較してみるとよいです．

まず，

$$x^2 - \frac{l}{g}\dot{x}^2 = a^2 \tag{15.16}$$

という形にします．これは，何かの2乗引く，何かの2乗が定数という形なので，未知関数 $f(t)$ を用いて

$$x = a\cosh f(t), \tag{15.17}$$

$$\sqrt{\frac{l}{g}}\,\dot{x} = a\sinh f(t) \tag{15.18}$$

と書けているはずです．これらが両立するためには，

$$f'(t) = \sqrt{\frac{g}{l}}$$

でなければなりません．したがって，

$$f(t) = \sqrt{\frac{g}{l}}\,(t - t_0) \tag{15.19}$$

です．$t = 0$ で $x = a$ ですから，$t_0 = 0$ で，答えは

$$x(t) = a\cosh\left(\sqrt{\frac{g}{l}}\,t\right) \tag{15.20}$$

です．ただし，$x \leq l$ ですから，

$$t \leq \sqrt{\frac{l}{g}}\operatorname{arcosh}\left(\frac{l}{a}\right) \tag{15.21}$$

で有効な解です．　　　　　　　　　　　　　　　　　　　　（解答終わり）

15.3　鎖の山から落ちる鎖

　次も，机から鎖が垂れ下がってそのまま落ちていく問題です．ただし，鎖は机の端の一箇所に積まれています．前節の問題とはどこが違うのか，どのような現象が関係しているのかをよく考えてみなければ難しい問題です．

　垂れ下がっている部分は前節の問題と同じですが，落ちる速度が違ってきます．なぜそうなるのか見破ることができるでしょうか．

　　■■■問題■■■　水平な机の上に鎖の山があります．鎖の山は机の端に積まれていますが，山の大きさは無視できるとします．鎖の一端を机の端から長さ a だけ垂れ下げると，その部分の重さによって，鎖の山から次々と鎖がほどけていき，下に落ちていくとします．鎖の長さは l，質量を M とし，鎖はなめらかにほどけていくとします．鎖はどのように落ちていくでしょうか．

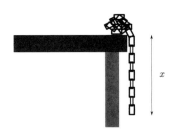

図 15.3 鎖の山から落ちる鎖.

　前節の問題の類題ですが，机の上の鎖が一箇所に固まっているところが違います．この問題は，エネルギー保存則が成り立たないところが面白いです．うっかり間違えてしまいそうです．

　時刻 t で，鎖は机の端から x だけ垂れ下がっているとしましょう．このときの鎖の落下速度を v とします．垂れ下がっている部分の鎖の質量は Mx/l ですから，この部分の鉛直下方向の運動量は

$$\frac{Mx}{l} \times v \tag{15.22}$$

です．Δt を微小時間として，時刻 $t + \Delta t$ における垂れ下がった鎖の長さを $x + \Delta x$，落下速度を $v + \Delta v$ としましょう．運動量の変化は

$$\Delta p = \frac{M(x + \Delta x)(v + \Delta v)}{l} - \frac{Mxv}{l}$$

$$= \frac{M}{l}(x\Delta v + v\Delta x + \Delta x \Delta v) \tag{15.23}$$

です．この間鎖の垂れ下がっている部分にかかる重力の大きさ F は，

$$\frac{Mx}{l}g \leq F \leq \frac{M(x+\Delta x)}{l}g \tag{15.24}$$

の範囲にあります．したがって，重力が鎖にあたえる力積 $\overline{F}\Delta t$ は

$$\frac{Mgx}{l}\Delta t \leq \overline{F}\Delta t \leq \frac{Mg(x+\Delta x)}{l}\Delta t \tag{15.25}$$

です．力積 $\overline{F}\Delta t$ は運動量の変化 Δp に等しいので，

$$\frac{Mgx}{l}\Delta t \leq \frac{M}{l}(x\Delta v + v\Delta x + \Delta x \Delta v) \leq \frac{Mg(x+\Delta x)}{l}\Delta t \tag{15.26}$$

です．辺々を Δt で割って，$\Delta t \to 0$ とすると，

$$\frac{M}{l}(x\dot{v} + v^2) = \frac{Mgx}{l} \tag{15.27}$$

をえます．少し整理しておくと，

$$\dot{v} = g - \frac{v^2}{x} \tag{15.28}$$

となります．これを解くのは難しそうです．

時刻 t とともに，$x(t)$，$v(t)$ は xv-平面を運動します．それが $v = v(x)$ という軌道を描くとしましょう．軌道の式は

$$\frac{dv}{dx} = \frac{\dot{v}}{\dot{x}} = \frac{g}{v} - \frac{v}{x} \tag{15.29}$$

です．少し工夫して，$\xi := v^2/2$ に対する方程式をたててみると，

$$\frac{d\xi}{dx} = \frac{d(v^2/2)}{dx} = v\frac{dv}{dx} = g - \frac{2\xi}{x}$$

となります．これは

$$\frac{d}{dx}(x^2\xi) = gx^2 \tag{15.30}$$

と変形すると簡単に積分できて，C を積分定数として

$$\xi = \frac{gx}{3} + \frac{C}{x^2} \tag{15.31}$$

と求まります. したがって,

$$v = \sqrt{\frac{2gx}{3} + \frac{2C}{x^2}} \tag{15.32}$$

となりますが, 初期条件を $x = a$ で $v = 0$ とすると, $C = -ga^3/3$ で,

$$v = \sqrt{\frac{2g(x^3 - a^3)}{3x^2}} \tag{15.33}$$

となります. (解答終わり)

積分すれば $t = t(x)$ を超幾何関数を使って書けますが, 書いても特にいいことはありません.

鎖の垂れ下がっている部分が x のときの位置エネルギーは, 机の高さを基準にとれば,

$$U = -\frac{Mx}{l} \times g \times \frac{x}{2} = -\frac{Mgx^2}{2l} \tag{15.34}$$

です. 運動エネルギーは,

$$K = \frac{1}{2}\frac{Mx}{l}v^2 = \frac{Mg(x^3 - a^3)}{3lx} \tag{15.35}$$

です. したがって力学的エネルギーは

$$E = K + U = \frac{Mg(x^3 - a^3)}{3lx} - \frac{Mgx^2}{2l} = -\frac{Mg(x^3 + 2a^3)}{6lx} \tag{15.36}$$

となり, 落下するにつれ減少します. どこかでエネルギーを失っています.

このエネルギーの損失は, 鎖の山にいるときには静止していた鎖の小部分が, 瞬間的に有限の速度をえるときにおこっています.

鎖が x だけ垂れ下がっているとき, 落下速度を v とすると, その部分の鉛直下向きの運動量は

$$\frac{Mx}{l}v \tag{15.37}$$

です. それにつながっている次の Δx の部分が山から取り出されて垂れ下がっている部分と一体になり, 速度が v' になったとします. すると運動量は

$$\frac{M(x + \Delta x)}{l}v' \tag{15.38}$$

です．この過程で運動量は保存するので，

$$\frac{Mx}{l}v = \frac{M(x + \Delta x)}{l}v' \tag{15.39}$$

より，

$$v' = \frac{x}{x + \Delta x}v \tag{15.40}$$

です．運動エネルギーの変化は

$$\Delta K = \frac{1}{2}\frac{M(x + \Delta x)}{l}(v')^2 - \frac{1}{2}\frac{Mx}{l}v^2$$

$$= -\frac{1}{2}\frac{Mx}{l(x + \Delta x)}v^2\Delta x \tag{15.41}$$

ですから，確かに減少しています．両辺を Δx で割って，$\Delta x \to 0$ とすると

$$\frac{dK}{dx} = -\frac{M}{2l}v^2 = -\frac{Mg(x^3 - a^3)}{3lx^2} \tag{15.42}$$

となります．

これは (15.36) 式を x で微分した

$$\frac{dE}{dx} = -\frac{Mg}{6l}\left(2x - \frac{2a^3}{x^2}\right) \tag{15.43}$$

と完全に一致しています．つまり，エネルギーの損失は，この効果だけで説明できたことになります．

15.4　引き上げられる鎖

鎖の問題の続きです．今度は，床に積んである鎖の山から，鎖を引き抜く問題です．これも，引っかかりやすい問題になっています．

━━ 問題 ━━　床の上に小さな鎖の山があり，そこから鎖の一端を一定の力 F で真上に引っ張りあげます．ただし，鎖の長さを l，鎖の質量を M とします．鎖の持ち上がり方はどのような運動になるでしょうか．

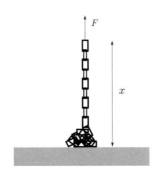

図 15.4 鎖の山から鎖を引き上げる.

前節の問題の類題です.エネルギーが保存すると考えれば,簡単に答えが出そうですが,よく考えると保存しないことがわかるでしょう.そこが引っかけになっています.

鎖の高さを x とします.持ち上がっている部分の質量は Mx/l です.このときの上昇速度を v としましょう.持ち上がっている部分の鉛直上向きの運動量は

$$\frac{Mxv}{l} \tag{15.44}$$

です.さらに Δx だけ持ち上げたとき,速度が $v + \Delta v$ になったとすると,運動量は

$$\frac{M(x + \Delta x)(v + \Delta v)}{l} \tag{15.45}$$

となります.したがって,運動量の変化は

$$\Delta p = \frac{M(x + \Delta x)(v + \Delta v)}{l} - \frac{Mxv}{l} = \frac{M}{l}(x\Delta v + v\Delta x + \Delta x\Delta v) \tag{15.46}$$

です.

前節での解き方と同じことになるのですが,ここでは少しやり方を変えてみましょう.上の式の両辺を Δt で割って,$\Delta t \to 0$ とすると,持ち上がっている部分の鎖の鉛直上向きの運動量の変化率が

$$\dot{p} = \frac{M}{l}(x\dot{v} + v^2) \tag{15.47}$$

だとわかります．これは，鉛直上向きの力

$$F - \frac{Mx}{l} \times g \tag{15.48}$$

と等しいので，運動方程式

$$\frac{M}{l}(x\dot{v} + v^2) = F - \frac{Mgx}{l} \tag{15.49}$$

がえられます．整理すると，

$$\dot{v} = -g + \frac{Fl}{Mx} - \frac{v^2}{x} \tag{15.50}$$

です．

xv-平面での運動 $v(x)$ を考えると，

$$\frac{dv}{dx} = \frac{\dot{v}}{\dot{x}} = -\frac{g}{v} + \frac{Fl}{Mxv} - \frac{v}{x} \tag{15.51}$$

が xv-平面での軌道をあたえます．$\xi := v^2/2$ とすると，

$$\frac{d\xi}{dx} = v\frac{dv}{dx} = -g + \frac{Fl}{Mx} - \frac{2\xi}{x} \tag{15.52}$$

をえます．これから，

$$\frac{d}{dx}(x^2\xi) = x^2\left(\frac{d\xi}{dx} + \frac{2\xi}{x}\right) = -gx^2 + \frac{Fl}{M}x \tag{15.53}$$

ですが，積分すると

$$\xi = -\frac{g}{3}x + \frac{Fl}{2M} + \frac{C}{x^2} \tag{15.54}$$

となります．したがって，上昇速度は

$$v = \sqrt{-\frac{2g}{3}x + \frac{Fl}{M} + \frac{2C}{x^2}} \tag{15.55}$$

となり，$C \neq 0$ のとき $x = 0$ で上昇速度が発散してしまいます．したがって，$C = 0$ が意味のある解で，

$$v = \sqrt{\frac{Fl}{M} - \frac{2g}{3}x} \tag{15.56}$$

と求まります．$F \leq 2Mg/3$ とすると，

$$x = \frac{3F}{2Mg} l \leq l \tag{15.57}$$

のとき，$v = 0$ となります．したがって，鎖全体を床から持ち上げるには

$$F > \frac{2Mg}{3} \tag{15.58}$$

でなければなりません．鎖全体にかかる重力の 2/3 でかまわないということに
なります． (解答終わり)

15.5　犬の散歩

次は，犬にリードをつけて散歩するときの問題です．

> **問題**　A 君は犬にリードをつけて散歩しています．A 君はリードを
> 引っ張りながらまっすぐ歩きます．犬はリードに引っ張られている方向に
> だけ歩きます．リードがたるむことがないとすれば，犬の通る道はどんな
> 形になるでしょうか．

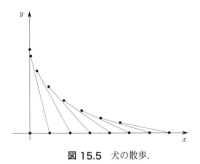

図 15.5　犬の散歩．

さて，A 君は最初 xy-平面の原点にいたとしましょう．リードの長さを l と
し，猫は y 軸上の点 $(0, l)$ にいたとします．それから，A 君は x 軸上を進んだ
としましょう．

犬の通る道を，固有長 s を用いて $(x(s), y(s))$ とあらわします．ただし，$(x(0), y(0)) = (0, l)$ とします．この曲線を γ としましょう．

点 $(x(s), y(s))$ を通る γ の接線上の点 (X, Y) は，r をパラメーターとして

$$(X(r), Y(r)) = (x(s), y(s)) + r(x'(s), y'(s)) \tag{15.59}$$

です．r は接点 $(x(s), y(s))$ からの距離になっています．これが x 軸と交わるのは

$$r = -\frac{y(s)}{y'(s)} \tag{15.60}$$

で，これはリードの長さに一致しています．したがって，

$$y' = -\frac{y}{l} \tag{15.61}$$

です．

$$x'(s)^2 + y'(s)^2 = 1 \tag{15.62}$$

より，

$$x' = \sqrt{1 - \frac{y^2}{l^2}} \tag{15.63}$$

です．

これらから，

$$\frac{dx}{dy} = \frac{x'}{y'} = -\frac{\sqrt{l^2 - y^2}}{y} \tag{15.64}$$

をえます．あとはこれを積分するだけです．y のかわりに

$$y = \sqrt{l^2 - \xi^2} \tag{15.65}$$

とおくと，

$$dx = -\frac{\sqrt{l^2 - y^2}}{y} dy$$
$$= -\frac{\xi}{\sqrt{l^2 - \xi^2}} \times \frac{-\xi d\xi}{\sqrt{l^2 - \xi^2}}$$

$$= \frac{\xi^2}{l^2 - \xi^2} d\xi$$

$$= \left(\frac{l}{2(l - \xi)} + \frac{l}{2(l + \xi)} - 1 \right) d\xi \tag{15.66}$$

ですから，積分できて，$\xi = 0$ で $x = 0$ に注意すると

$$x = \frac{l}{2} \log \frac{l + \xi}{l - \xi} - \xi \tag{15.67}$$

となります．$\xi = \sqrt{l^2 - y^2}$ を代入すると，

$$x = \frac{l}{2} \log \frac{l + \sqrt{l^2 - y^2}}{l - \sqrt{l^2 - y^2}} - \sqrt{l^2 - y^2} \tag{15.68}$$

が γ の方程式です．　　　　　　　　　　　　　　（解答終わり）

この曲線を牽引曲線といいます．

15.6　光の屈折

　光線は，物質中ではゆっくり進みます．そのため，光線が水の中に侵入するときは，スネルの法則にしたがって，水面で進路が屈折します．今回は，フェルマーの原理からスネルの法則を導いてみましょう．

　フェルマーの原理とは，空間の 2 点を通る光線の経路は，光学的距離が最短となるものだという法則です．光学的距離とは，幾何学的な距離に屈折率を乗じたもので，光線が通過する時間に比例します．

　■問題■　図 15.6 のような xy-平面での光線の運動を考えます．光線は，真空中を一定の速さでまっすぐ進む粒子だと考えてよいです．ただし，物質中を進むときは速さが少し遅くなり，その速さは物質ごとに決まっています．xy-平面の $y \leq 0$ の領域は物質 A でみたされており，光線の速さは v_A，$y \geq 0$ の領域は物質 B でみたされていて，光線の速さは v_B とします．光線はどのような経路を通るでしょうか．

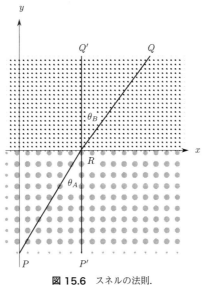

図 15.6 スネルの法則.

　光線は領域 A の点 $P : (0, -a)$ から出発して, 領域 B の点 $Q : (b, c)$ に至ると
します. ただし, a, b, c は正の定数です. 光線の進路は, 次のフェルマーの原
理にしたがっています.

- フェルマーの原理：ある点を出発して別の点に至る光線の通る道は, 到達時
  間が最短となるものが選ばれる.

さて, P から Q に至る光線の経路はどのようなものになるでしょうか.

　光線は P から出発して, $y = 0$ となる点を 1 度は通過するはずです. それを
$R : (d, 0)$ としましょう. d は $0 \leq d \leq b$ の範囲にあることもわかると思いま
す. もしこの範囲になければ, より到達時間の短い経路を簡単に見つけること
ができます.

　R を通過する経路のうち, 到達時間が最短となるものは, 線分 PR と線分
RQ をつなげたものになるはずです. PR 間の距離は

$$d(P, R) = \sqrt{d^2 + a^2} \tag{15.69}$$

で, RQ 間の距離は

$$d(R, Q) = \sqrt{(b-d)^2 + c^2} \tag{15.70}$$

です．したがって，光線が P から出発してから Q に至るまでの所要時間は，

$$t(d) := \frac{d(P, R)}{v_A} + \frac{d(R, Q)}{v_B} = \frac{\sqrt{d^2 + a^2}}{v_A} + \frac{\sqrt{(b-d)^2 + c^2}}{v_B} \tag{15.71}$$

です．d を色々変えたとき，$t(d)$ が最小となる d を求めればよいことになります．$t(d)$ を d で微分して，

$$t'(d) = \frac{d}{v_A\sqrt{d^2 + a^2}} - \frac{b-d}{v_B\sqrt{(b-d)^2 + c^2}} = 0 \tag{15.72}$$

となればよいです．これは d に関する4次方程式なので一応解けますが，もっとわかりやすい理解のしかたがあります．

$P' : (d, -a)$，$Q' : (d, c)$ ととると，線分 $P'Q'$ は x 軸に平行で，R を通ります．$\angle PRP' = \theta_A$，$\angle QRQ' = \theta_B$ ととると，

$$\sin\theta_A = \frac{d}{\sqrt{d^2 + a^2}}, \tag{15.73}$$

$$\sin\theta_B = \frac{b-d}{\sqrt{(b-d)^2 + c^2}} \tag{15.74}$$

となっています．すると，$t'(d) = 0$ という条件は，

$$\frac{\sin\theta_A}{v_A} = \frac{\sin\theta_B}{v_B} \tag{15.75}$$

と書けます．このとき，実際到達時間 $t(d)$ は最小値をとります．（解答終わり）

式 (15.75) をスネルの法則といいます．

フェルマーの原理は不思議な法則です．光線が，これから進む空間をどう進めば最短時間で到達できるのかをあらかじめ計算して，自分の進行方向を決めているかのように思えます．

物体は，ニュートンの運動方程式にしたがって運動するのですが，物体に関しても，フェルマーの原理のような運動の定式化があります．そのような定式化は，ラグランジュ形式といって，解析力学の中心テーマとなるものです．

ラグランジュ形式で，光学的距離に相当するものは，「作用」とよばれます．

物体は，作用が最小となるように運動する，というのが力学の原理として採用
されることになります．ニュートンの3法則を駆使して，力学の問題を解ける
ようになることも必要ですが，そもそも力学の法則はどのような構造になって
いるのか，ということにも興味をもつと，より上の段階に進めるようになるで
しょう．

15.7　最速降下問題

　次は，古くからある有名な問題です．物体が曲がった斜面をすべり落ちると
き，斜面の形によって，すべり落ちるまでの時間が違います．例えば，まっす
ぐな斜面よりは，少し下向きにカーブしている方が早くすべり落ちます．それ
では，もっとも早くすべり落ちる斜面の形はどのようなものでしょうか．

　前節のスネルの法則の仕組みを使うと，うまく解くことができます．

■■問題■■　鉛直面内に xy-平面をとります．x 軸を水平方向，y 軸を鉛直下
向き方向としておきます．点 $P : (0, 0)$ から点 $Q : (l, h)$ $h > 0$, $l > 0$ に
至る摩擦のない斜面が方程式

$$y = f(x) \tag{15.76}$$

によってあたえられています．物体が点 P から点 Q まで，斜面に沿って
初速度ゼロですべり落ちるとき，所要時間がもっとも短くなるような斜面
の形はどんなものでしょうか．

　最速降下問題という，古くからある有名な問題です．最速降下問題の解を最
速降下曲線といいます．この問題は，解析力学の基本的な手法となっている変
分法を用いて解くのが普通ですが，前節の結果を用いて解いてみるのも面白い
です．

　物体が斜面をすべり落ちる速さは，エネルギー保存則

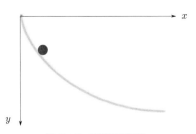

図 15.7 最速降下問題.

$$\frac{mv^2}{2} - mgy = 0 \tag{15.77}$$

より,

$$v = \sqrt{2gy} \tag{15.78}$$

と y のみに依存しています. y 軸の向きがいつもと逆になっていることに注意してください.

問題は,速さが (15.78) であたえられているとき, $(0,0)$ から (l,h) に最短時間で到達する経路を見つけることです.

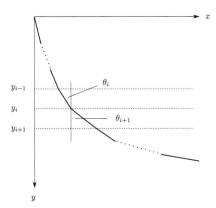

図 15.8 最速降下曲線の折れ線近似.

y 方向を

$$0 = y_0 < y_1 < y_2 < \cdots < y_{n-1} < y_n = h \tag{15.79}$$

と n 個の区間に分割して，$y_{i-1} \leq y < y_i$ では速さが

$$v_i = \sqrt{2gy_i} \tag{15.80}$$

と一定だと考えます．このときの最速経路は，分割された各区間ではまっすぐ進みます．そして，区間 $y_{i-1} \leq y \leq y_i$ で，経路は $(\Delta x_i, \Delta y_i)$ だけ進むとします．経路と y 軸とのなす角を θ_i とすると，

$$\sin \theta_i = \frac{\Delta x_i}{\sqrt{(\Delta x_i)^2 + (\Delta y_i)^2}} \tag{15.81}$$

です．最速経路に対して，スネルの法則

$$\frac{\sin \theta_1}{v_1} = \frac{\sin \theta_2}{v_2} = \cdots = \frac{\sin \theta_n}{v_n} \tag{15.82}$$

が成り立ちます．これは，

$$\begin{aligned}
\frac{\sin \theta_i}{v_i} &= \frac{\Delta x_i}{\sqrt{2gy_i(\Delta x_i)^2 + (\Delta y_i)^2}} \\
&= \left\{ 2gy_i \left[1 + \left(\frac{\Delta y_i}{\Delta x_i} \right)^2 \right] \right\}^{-1/2}
\end{aligned} \tag{15.83}$$

が一定だという条件です．

　$n \to \infty$ として区間を細かくすると，この近似的な最速経路は正しい最速経路に収束するでしょう．それは上の条件から微分方程式

$$y \left[1 + \left(\frac{dy}{dx} \right)^2 \right] = C \tag{15.84}$$

をみたします．あるいは，

$$\frac{dy}{dx} = \sqrt{\frac{C - y}{y}} \tag{15.85}$$

です．右辺の根号を外すために

$$y = C \sin^2 s \tag{15.86}$$

としてみると，

$$2C \sin s \cos s \frac{ds}{dx} = \cot s \qquad (15.87)$$

となります．これは

$$\frac{dx}{ds} = 2C \sin^2 s = C(1 - \cos 2s) \qquad (15.88)$$

をあたえるので，

$$x = C \left(s - \frac{1}{2} \sin 2s \right) + A \qquad (15.89)$$

と積分できます．$s = 0$ で $y = 0$ なので，$x = 0$ とならなければならないですから，$A = 0$ です．

s のかわりに $\theta = 2s$ をパラメーターとして，

$$x(\theta) = \frac{C}{2}(\theta - \sin \theta), \qquad (15.90)$$

$$y(\theta) = \frac{C}{2}(1 - \cos \theta) \qquad (15.91)$$

が求める斜面の形です．これが (l, h) を通るという条件から C を決めればよいです．　　　　　　　　　　　　　　　　　　　　　　　　　（解答終わり）

$l > (\pi/2)h$ のときには，斜面は下りと上りと両方あることになりますが，それでも最速経路になっています．式 (15.90), (15.91) であたえられるパラメーター付き曲線をサイクロイドといいます．自転車のタイヤに電球をつけて走らせたとき，その電球が描く曲線のことです．このとき，θ が自転車の車輪の回転角になっています．

図 15.9 サイクロイドの作図法．

15.8 等時曲線

　左右対称な形をした窪んだ床の上に物体を置くと，すべりながら振動をはじめるでしょう．床がなめらかであれば，周期的な運動になるはずです．その周期は，物体の力学的エネルギーの大きさによるでしょうが，ある特別な形をした床なら，等時的になります．それは，どのような形のときでしょうか．

　▉▉問題▉▉　鉛直面内にある斜面の上を物体が運動します．水平方向に x 軸，鉛直上向きに y 軸をとります．斜面を $y = f(x)$ であらわすと，$f(x)$ は x の偶関数で，$x \geq 0$ では x の単調増加関数だとします．また，$f(x)$ は x の解析関数だとします．物体が斜面上を運動するとき，周期運動になりますが，その周期が振幅によらないとします．このとき，斜面はどんな形をしているでしょうか．

　斜面の最下点を $f(0) = 0$ とします．斜面の形は固有長 s をパラメーターとして

$$x = x(s), \tag{15.92}$$

$$y = y(s) \tag{15.93}$$

とあらわしましょう．斜面は y 軸に関して対称なので，

$$x(0) = 0, \tag{15.94}$$

$$y(0) = 0, \tag{15.95}$$

$$x(-s) = -x(s), \tag{15.96}$$

$$y(-s) = y(s) \tag{15.97}$$

をみたしています．また，$x(s), y(s)$ は s の解析関数で，$y(s)$ は $s \geq 0$ で s の単調増加関数です．

　斜面上を運動する物体の速さ $v(s)$ は

$$v(s) = \sqrt{\left(\frac{dx}{dt}\right)^2 + \left(\frac{dy}{dt}\right)^2}$$

$$= \sqrt{\left((x'(s)\frac{ds}{dt}\right)^2 + \left(y'(s)\frac{ds}{dt}\right)^2}$$

$$= \sqrt{x'(s)^2 + y'(s)^2}\frac{ds}{dt}$$

$$= \frac{ds}{dt} \tag{15.98}$$

です．また，力学的エネルギー保存則は

$$E = \frac{mv(s)^2}{2} + mgy(s) = \frac{m}{2}(\dot{s})^2 + mgy(s) \tag{15.99}$$

です．6.4 節の結果より，

$$y(s) = \frac{1}{2l}s^2, \qquad (k > 0) \tag{15.100}$$

でなければなりません．すると，s は固有長なので，

$$x'(s) = \sqrt{1 - y'(s)^2} = \sqrt{1 - s^2/l^2} \tag{15.101}$$

です．

固有長 s のかわりに，$s = l\sin(\theta/2)$ ととると，

$$y(\theta) = \frac{l}{2}\sin^2\frac{\theta}{2} = \frac{l}{4}(1 - \cos\theta) \tag{15.102}$$

となります．また，

$$\frac{dx}{ds} = \left(\frac{dx}{d\theta}\right) \Big/ \left(\frac{ds}{d\theta}\right) = \frac{2}{l\cos(\theta/2)}\frac{dx}{d\theta}, \tag{15.103}$$

$$\sqrt{1 - s^2/l^2} = \cos\frac{\theta}{2} \tag{15.104}$$

より，

$$\frac{dx}{d\theta} = \frac{l}{2}\cos^2\frac{\theta}{2} = \frac{l}{4}(1 + \cos\theta) \tag{15.105}$$

なので，積分して

$$x(\theta) = \frac{l}{4}(\theta + \sin\theta) \tag{15.106}$$

をえます.

　まとめると,

$$x(\theta) = \frac{l}{4}(\theta + \sin\theta), \tag{15.107}$$

$$y(\theta) = \frac{l}{4}(1 - \cos\theta) \tag{15.108}$$

となりますが, これはサイクロイドの式です.　　　　　　（解答終わり）

　斜面の範囲は $-\pi \leq \theta \leq \pi$ なので, 斜面は途中で途切れてしまうことになります.

　このように, 振幅によらず周期が一定となるような運動をもたらす斜面を等時曲線といいます. 左右対称で, 解析関数であらわされる等時曲線は最速降下曲線に一致します.

15.9　2つの円周を境界にもつシャボン玉

　針金でできた輪っかを石鹸水につけると, シャボン玉の膜が張られます. 輪っかの形がいびつだと, シャボン玉の形ももちろん複雑になっていきます. シャボン玉の膜の形は, ある方程式にしたがっています. 2つの輪っかによって張られているシャボン玉について, 膜の形を考えてみましょう.

■ 問題 　シャボン玉を $\mathbb{R}^3$ の曲面

$$z = f(x, y) \tag{15.109}$$

としてあらわします. シャボン玉の膜の方程式は,

$$(1 + f_y^2)f_{xx} - 2f_x f_y f_{xy} + (1 + f_x^2)f_{yy} = 0 \tag{15.110}$$

であたえられます. ただし,

$$f_x := \partial_x f(x, y), \tag{15.111}$$

$$f_y := \partial_y f(x, y), \tag{15.112}$$

$$f_{xy} := \partial_x \partial_y f(x, y) \tag{15.113}$$

です.

懸垂曲面

$$a^2 \left(\cosh \frac{z}{a}\right)^2 = x^2 + y^2, \qquad (a > 0) \tag{15.114}$$

が, 膜の方程式の解になっていることを確かめてみましょう.

図 15.10 2つの円に張られるシャボン玉の膜.

針金などで作った輪っかに張られたシャボン玉は, 面積がなるべく小さくなるようにその形が決まります. そのような面を, 極小曲面といいます. シャボン玉の膜の方程式 (15.110) は, 極小曲面の方程式です. 極小曲面の方程式の導出には, 微分幾何学の知識がいります.

懸垂曲面は,

$$z = \pm a \operatorname{arcosh} \frac{\sqrt{x^2 + y^2}}{a} \tag{15.115}$$

のように, $z = f(x, y)$ の形の 2 葉の曲面でできています. 今の場合, $f(x, y)$ は方程式

$$a^2 \left(\cosh \frac{f(x, y)}{a}\right)^2 = x^2 + y^2 \tag{15.116}$$

をみたします. この両辺を x, y でそれぞれ微分すると,

$$2a f_x \sinh(f/a) \cosh(f/a) = 2x, \tag{15.117}$$

$$2af_y \sinh(f/a) \cosh(f/a) = 2y \tag{15.118}$$

となります．ただし，f_x, f_y は f の1階導関数のことです．これらから

$$f_x = \frac{x}{a \sinh(f/a) \cosh(f/a)} = \pm\frac{ax}{\sqrt{(x^2+y^2)(x^2+y^2-a^2)}}, \tag{15.119}$$

$$f_y = \frac{y}{a \sinh(f/a) \cosh(f/a)} = \pm\frac{ay}{\sqrt{(x^2+y^2)(x^2+y^2-a^2)}} \tag{15.120}$$

です．さらに，2階導関数を求めると

$$f_{xx} = \mp\frac{a(x^4 - y^4 + a^2y^2)}{[(x^2+y^2)(x^2+y^2-a^2)]^{3/2}}, \tag{15.121}$$

$$f_{xy} = \mp\frac{axy(2x^2 + 2y^2 - a^2)}{[(x^2+y^2)(x^2+y^2-a^2)]^{3/2}}, \tag{15.122}$$

$$f_{yy} = \mp\frac{a(y^4 - x^4 + a^2x^2)}{[(x^2+y^2)(x^2+y^2-a^2)]^{3/2}} \tag{15.123}$$

がえられます．

これらから，

$$(1 + f_y^2)f_{xx} = \mp\frac{a(x^4 - y^4 + a^2y^2)(x^4 + (2-a^2)x^2y^2 + y^4)}{[(x^2+y^2)(x^2+y^2-a^2)]^{5/2}}, \tag{15.124}$$

$$-2f_xf_yf_{xy} = \mp\frac{-2a^3x^2y^2(2x^2 + 2y^2 - a^2)}{[(x^2+y^2)(x^2+y^2-a^2)]^{5/2}}, \tag{15.125}$$

$$(1 + f_x^2)f_{yy} = \mp\frac{a(y^4 - x^4 + a^2x^2)(x^4 + (2-a^2)x^2y^2 + y^4)}{[(x^2+y^2)(x^2+y^2-a^2)]^{5/2}} \tag{15.126}$$

と計算されますので，辺々を足すと，

$$(1 + f_y^2)f_{xx} - 2f_xf_yf_{xy} + (1 + f_x^2)f_{yy} = 0 \tag{15.127}$$

が成り立つことが確かめられます．　　　　　　　　　　　　　　　（解答終わり）

　ここで確かめた解は，平行な2つの円を境界とするシャボン玉の膜の形をあらわしています．

　計算はやや複雑だったかもしれません．偏微分の計算の練習になると思います．途中で $f(x,y)$ の定義式を代入して計算しましたが，双曲線関数のままで

進める方法もあります.

15.10　平衡点に到達できる？

　山の形をしたなめらかな斜面を物体が登っていくことを考えましょう. ちょうど山を登り切るだけのエネルギーをもっていたら, 物体は山の頂点に達することができるでしょうか.

　運動方程式が, 通常のように

$$m\ddot{\boldsymbol{x}} = -\nabla U(\boldsymbol{x}) \tag{15.128}$$

という形だったとしましょう. するともし, $\boldsymbol{x}(t)$ が運動方程式の解なら, 時間反転した運動 $\boldsymbol{x}(-t)$ も運動方程式の解になっていることが確かめられます.

　山の頂点に達する解があったとしましょう. 頂点では速度がゼロになっています. これを時間反転した解は, 山の頂点で静止していた物体が, ひとりでに山の斜面をすべり落ちる様子をあらわしています. 理想的な状況では, 頂点で静止したままの運動も解になっていて, 同じ初期条件をもつ 2 つの異なる解があることになり, 不合理です. したがって, ちょうど山の頂点に達するという解はありえないことがわかります.

　このことを, 具体的なモデルで示してみましょう.

> ■ 問題 ■　鉛直平面内を運動する振り子があります. 振り子は長さ l の伸び縮みしない軽い腕でできていて, 質量 M のおもりが取りつけられています. 振り子は天井にぶら下がっているのではなくて, 鉛直平面内を自由に回転できるとします. 振り子が静止した状態で, 運動エネルギー $2Mgl$ をあたえると, 半回転して最高点に到達できる分のエネルギーをもつことになりますが, 実際には最高点には到達できません. このことを示してください.

　振り子の運動方程式を解いて示すこともできますが, 最高点に到達できない

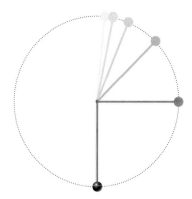

図 15.11 最高点に近づいていく振り子.

ことだけなら解く必要はありません.

最下点で運動エネルギー $2Mgl$ をあたえたとき，おもりの速さ v は

$$\frac{Mv^2}{2} = 2Mgl \qquad (15.129)$$

より

$$v = 2\sqrt{gl} \qquad (15.130)$$

です. 振り子の振れ角を θ であらわすことにしましょう. すると，振れ角が θ のときのおもりの速さ v は

$$2Mgl = \frac{Mv(\theta)^2}{2} + Mgl(1 - \cos\theta) \qquad (15.131)$$

より，

$$v(\theta) = \sqrt{2gl(1 + \cos\theta)} \qquad (15.132)$$

となります. これは，$0 \le \theta \le \pi$ の範囲では θ とともに減少していきます. おもりが最高点 $\theta = \pi$ に到達すると仮定して，到達時間 t を評価してみましょう.

振れ角に

$$0 = \theta_0 < \theta_1 < \theta_2 < \cdots < \theta_{N-1} < \theta_N = \pi \qquad (15.133)$$

と N 個チェックポイントを設けておきます．等間隔に

$$\theta_k = \frac{\pi}{N}k, \qquad (k = 0, 1, \ldots, N) \tag{15.134}$$

としておきましょう．区間 $\theta_k \leq \theta \leq \theta_{k+1}$ では，おもりの速さ v は

$$v(\theta_{k+1}) \leq v \leq v(\theta_k) \tag{15.135}$$

の範囲にあります．特に，この区間ではおもりの速度は

$$v \leq v(\theta_k) = \sqrt{2gl(1 + \cos\theta_k)} \tag{15.136}$$

をみたします．ただし，このままでは評価しにくいので，$\cos\theta$ が多項式で

$$\cos\theta \leq -1 + \frac{(\theta - \pi)^2}{2} \tag{15.137}$$

と抑えられることを用います．すると，

$$v \leq v(\theta_k) \leq \sqrt{gl}(\pi - \theta_k) = \pi\sqrt{gl}\left(1 - \frac{k}{N}\right) \tag{15.138}$$

となります．

　到達時間 t を少なめに見積もるために，各区間 $\theta_k \leq \theta \leq \theta_{k+1}$ でおもりが

$$v_k = \pi\sqrt{gl}\left(1 - \frac{k}{N}\right), \qquad (k = 0, 1, \ldots, N-1) \tag{15.139}$$

の速さで等速運動する場合と比べてみましょう．すると，実際におもりが各区間を通過する所要時間 t_k は

$$t_k > \frac{\pi l/N}{v_k} = \sqrt{\frac{l}{g}} \times \frac{1}{N-k}, \qquad (k = 0, 1, \ldots, N-1) \tag{15.140}$$

となっていることがわかるでしょう．すると，最高点への到達時間 t は

$$t > t_0 + t_2 + \cdots + t_{N-1}$$

$$= \sqrt{\frac{l}{g}}\left(1 + \frac{1}{2} + \frac{1}{3} + \cdots + \frac{1}{N}\right) \tag{15.141}$$

をみたしています．これがすべての自然数 N で成り立たなければならないのですが，右辺は $N \to \infty$ で発散します．例えば，m を自然数として $N = 2^m$ と

すると

$$1 + \frac{1}{2} + \frac{1}{3} + \cdots + \frac{1}{2^m} > 1 + \frac{1}{2} + \left(\frac{1}{4} + \frac{1}{4}\right) + \left(\frac{1}{8} + \frac{1}{8} + \frac{1}{8} + \frac{1}{8}\right)$$

$$+ \cdots + \underbrace{\left(\frac{1}{2^k} + \cdots + \frac{1}{2^k}\right)}_{2^{k-1}\,\text{項の和}} + \cdots + \left(\frac{1}{2^m} + \cdots + \frac{1}{2^m}\right)$$

$$= 1 + \underbrace{\frac{1}{2} + \frac{1}{2} + \cdots + \frac{1}{2}}_{m\,\text{項の和}} = \frac{m+2}{2} \tag{15.142}$$

からわかります.

　振り子が最高点に到達すると仮定すると，到達時間 t はどんな値よりも大きいことになり不合理です．これは単に最高点には到達しないことを意味します．最高点に近づいているのですが，速さもゼロに近づいており，実質的に最高点で止まっているように見えるでしょう． （解答終わり）

BIBLIOGRAPHY

参 考 文 献

[1]　戸田盛和，『力学』（岩波書店，2017）

[2]　V. Barger, M. Olsson（戸田盛和，田上由紀子訳），『力学 新しい視点にたって』（培風館，1992）

[3]　R. Courant, D. Hilbert（藤田宏，石村直之訳），『数理物理学の方法』上/下（丸善出版，2013/2019）

[4]　寺沢寛一，『自然科学者のための数学概論 増訂版』（岩波書店，1983）

[5]　後藤憲一，山本邦夫，神吉健，『詳解力学演習』（共立出版，1971）

[6]　後藤憲一，山本邦夫，神吉健，『詳解物理応用数学演習』（共立出版，1979）

[7]　E. D. Landau, E. M. Lifshitz（広重徹，水戸巌訳），『力学』（東京図書，1986）

[8]　E. D. Landau, A. I. Akhiezer, E. M. Lifshitz（小野周，豊田博慈訳），『物理学 力学から物性論まで』（岩波書店，1988）

[9]　E. D. Landau, E. M. Lifshitz（竹内均訳），『流体力学』（東京図書，1970）

I N D E X
索　　　引

● ま・や・ら行 ●

著者紹介

井田大輔（いだだいすけ）

- 1972 年　鳥取県に生まれる
- 2001 年　京都大学大学院理学研究科博士課程修了
- 現在　　学習院大学理学部教授

NDC421　237p　　21cm

入門　現代の力学　物理学のはじめの一歩として

2022 年 6 月 21 日　　第 1 刷発行

著　者	井田大輔（いだだいすけ）
発行者	髙橋明男
発行所	株式会社　講談社

〒 112-8001　東京都文京区音羽 2-12-21
販売　(03) 5395-4415
業務　(03) 5395-3615

KODANSHA

編　集	株式会社　講談社サイエンティフィク

代表　堀越俊一

〒 162-0825　東京都新宿区神楽坂 2-14　ノービィビル
編集　(03) 3235-3701

印刷所	株式会社ＫＰＳプロダクツ
製本所	大口製本印刷株式会社